복소함수론 I

Theory of Functions of Complex Variables, I

김강태 지음

KYOWOO

책 머리에...

200년이 넘는 역사를 지닌 복소함수론에 관한 책을 쓰기 시작하면서 가장 어려웠던 점은 "무엇을, 어떻게, 왜" 등으로 요약되는 "5W1H"의 절반을 차지하는 질문에 대한 대답이었습니다. 45년이 넘는 세월 동안 이 분야가 저자의 마음 속 큰 자리를 차지했던 "극진히 사랑해 온" 분야이기 때문이었을 것이라는 핑계를 스스로에게 대면서, 마음에 드는 대답을 찾지 못한 채로 우선 제1권을 마무리했습니다. (벌써 제2권의 주요 내용이 길모퉁이 너머에 아른거리지만 그 얘기는 잠시 미루겠습니다.)

제1권의 내용은 아홉 장(章, chapter)으로 구성하였습니다. 첫 장에서는 복소수와 가장 기본이 되는 성질과 개념을 다루는 데에서 출발하여, 바로 복소함수론의 중심 연구 대상이 되는 복소해석함수 개념을 소개하였습니다. 열린 집합 위의 점 각각에서 복소 미분가능한 함수를 말하는 것인데, 전통적으로 이 함수는 영어권에서 완전함을 뜻하는 integral function, 그리스어에 뿌리를 둔 용어 holomorphic function 등의 이름으로 불렸던 개념입니다. 우리말로는 '완전함수' 가 어울릴 듯도 한데, 이에 해당하는 영문 용어 'entire function'이 오랫동안, 복소 평면 전체에 정의되고 모든 점 각각에서 복소미분가능한 함수의 정의로 고정되었기에 그 용어를 피해야 했습니다. 그래서 저자는 공집합이 아닌 열린 집합 위에 정의된 복소미분가능함수에 "온함수" 라는 이름을 붙였습니다. 이 용어가 널리 받아들여지기를 바랍니다. 그리스어 'holo'는 완전하다는 뜻을 가진 접두어이기에 이 온함수라는 이름이 적절해 보이거든요.

1850년 경 코시(A.-L. Cauchy)의 논문을 받아 든 리만 (B. Riemann)은 상기된 표정으로 괴팅엔 대학의 동료들에게 "새로운 수학이 열리고 있다!" 라는 말을 남기고 도서관으로 사라졌다고 합니다. 지금은 코시 · 리만 방정식으로 알려진 위대한 개념도 그 시기에 만들어졌을 것입니다. 1장에서는 이런 내용을 주로 다루면서 여러 온함수의 예를 소개하고, 오일러 (L. Euler)의 뛰어난 착상을 통해 우리에게 알려진 복소 지수함수를 소개하는 선에서 마무리하였습니다.

함수론을 소개하려면 함수의 정의구역과 치역에 대한 범위를 정해야 합니다. 물론 이들은 복소 평면의 열린 부분집합(open set)이 되는 편이 좋을 것 같습니다. 온함수의 정의 때문입니다. 그런데 열린 집합에 대해 토의하려면 부득이 위상수학(Topology)을 인용해야 합니다. 그런 만큼 복소함수론은 소위 닫혀 있는 이론 (self-contained)이 아닌 것이지요. 이 책에서는 이처럼 다른 분야의 지식을 인용할 필요가 생길 때마다, "마실"을 다녀옵니다. 여기 뿐 아니라 이 책의 여러 곳에서 이런 '마실'을 보시게 될 것입니다.

제2장에서는 온함수의 선적분 이론을 소개합니다. 온함수는 실변수 함수로서 미분가능한 함수이므로 그 자신이 연속함수여

서 선적분이 자연스럽게 정의됩니다. 그러나 이론 전개에 중심 역할을 담당하는 코시 소멸정리를 증명하기 위해서 벡터 미적분학의 방법론을 쓰려는 시도는 자연스러운 생각이지만 바로 난관에 봉착합니다. 온함수는 실변수 함수로서 미분가능하지만, 그의 편도함수들이 연속함수인지는 당장 알 수 없기 때문입니다. 역사적으로 이를 해결한 것은 구르사 (Goursat)의 정리이지만, 우리는 그린(Green) 정리의 정신을 이용하여 코시 소멸정리를 증명하고, 그 결과로 온함수의 미분이 연속함수임을 얻어내었습니다. 물론 이 증명 방법이 구르사의 방법론을 원용하였기에 아주 새롭다고 할 수는 없겠으나, 나름대로 새로운 맛과 관점을 제공한다고 봅니다.

계속해서 코시 적분공식—복소함수론의 기초 토대를 이루는 중요한 정리—을 얻어내고, 이로부터 온함수가 얼마든지 여러 번 미분가능함을 증명하고 또, 온함수가 국소적으로, 고르게 절대수렴하는 (converges absolutely and uniformly) 멱급수임을 증명합니다. 이 마지막 결과는 코시의 원래 이론 전개에서 온함수의 정의로 주어졌기에 "멱급수로 분해 가능한 함수"라는 의미에서 온함수에 complex analytic function (fonction analytique complexe) 즉, 복소해석함수라는 이름이 붙게 하였습니다.

지금까지 설명 결과를 통해 제3장은 온함수에 대한 여섯 가지 설명, 또는 온함수에 대한 여섯 가지 논리적으로 서로 동등한 정의를 제공하면서 출발합니다. 이와 같이 한 가지의 개념이 여섯 가지 모습으로 정의되는 개념은 흔하지 않으며, 그렇기에 많은 학생들이 온함수 이론, 즉 복소함수론을 어려워 합니다. 학생 시절의 저자도 이런 점을 잘 이해하지 못하여 이 분야 공부에 많은 어려움을 겪었습니다. 그러나 조금 시간이 흐른 후 온함수에 대한 공부를 다시 시작할 때에는, 이렇게 여섯 가지 모습의 정의가 주어진다는 점이 여섯 개나 되는 무기를 가지고 전투를 시작하는 것과 비길 만하기에, 실제로 엄청나게 유리하다는 점을 깨달았고, 점점 오히려 이 분야와 사랑에 빠지게 되었습니다. 복소 온함수의 성질 중 인수분해 정리, 영점에 관한 정리, 유일 확장성 정리 등등... 아름다운 정리들이 이 여섯 개의 동등한 정의로부터 쏟아지는 장관이 펼쳐졌기 때문입니다.

그러나 수학 연구자는 순수 이론 전개의 아름다움을 추구하는 것만으로 만족하지 아니합니다. 온함수의 실수부와 허수부를 이루는 조화함수는 여러 과학과 공학에 엄청난 파급효과를 가지는데, 정전기 역학, 유체역학, 열역학 등의 이론 모형 수립에 큰 공헌을 합니다. 이들 이론 전개에 온함수 이론이 중요한 역할을 하는 것도 당연합니다. 이런 내용은 구체적으로 다루지 않지만 참고 문헌을 소개하고, 응용이라는 면에서 매우 중요한 복소 로그함수를 소개하면서 제3장이 마무리됩니다.

제4장에서는 코시 적분 공식의 첫 번째 응용으로 온함수의 코시 계측 (Cauchy estimates)을 얻고, 이로부터 리우빌 (Liouville)의 유명한 정리, 즉 "유계 완전함수는 상수함수이다."를 얻고 이를 바탕으로 "1차 이상의 복소 다항 방정식은 반드시 근을 가진다." 라는 **대수학의 기본정리**를 얻게 됩니다. 코시 적분 공식이 평균성에 관한 정리임을 이용하여 온함수의 최대 절대값 정리도 얻어내며, 코시 적분공식을 이용하여 특별한 선적분의 계산을 불가능해 보이는 계산을, 간단히(!) 얻어내는 기적(!)같은 면을 보여 주기도 합니다. 또한 온함수가 유클리드 길이를 보존

하지는 않지만 미분계수가 0이 아닌 점에서는 각과 방향성을 보존하는 특이한 성질—등각 사상 성질—을 가지는 것도 보여주며 제4장이 마무리됩니다.

제5장은 고립된 특이점을 다룹니다. 사라지는 (=없앨 수 있는) 특이점, 깃대 특이점 (=극점 특이점), 심각한 (essential) 특이점 등, 서로 다른 종류의 특이점에 대한 기본 정리를 먼저 다루고, 이들 특이점을 중심으호 하는 이론, 즉 로랑(Laurent)의 이론과 전개식, 그리고 로랑 나머지 및 로랑 나머지 정리 등과, 극점 특이점의 경우 로랑 나머지를 구하는 공식을 소개합니다. 이로부터 적분 계산에서 중요한 역할을 하는 부분 분수 정리 (Partial fraction theorem)의 깨끗한 증명도 얻어냅니다. 그리고, 응용으로 과학 및 공학의 여러 분야에서 자주 쓰이는 특수한 실수 적분과 이상 적분의 값을 계산하는 절묘한 연산 방법을 소개합니다. 이 부분은 이미 알려진 유명한 예제의 계산을 유형별로 소개하여 계산 능력을 키울 수 있도록 구성하였습니다.

복소 로그함수 $\log z$ (사실은 다중함수)의 허수부는 진수 z의 편각 $\arg z$ 입니다. $\arg z$가 다중함수임을 이용하여 온함수와 버금함수(meromorphic function)의 0점과 극점에 관한 이론을 전개하는 것이 제6장 이론 전개의 핵심입니다. 이로부터 온함수의 역함수를 표현하는 공식을 얻고, 온함수의 0점에 관한 루셰의 정리도 얻으며, 온함수의 치역에 관한 열린함수정리, 단사 온함수열의 극한함수의 단사성 여부에 관한 후르비츠 정리 등을 모두 얻어냅니다.

제7, 8장에서는 복소 영역 위에 정의되고 실수값을 가지는 조화함수를 다루었습니다. 이런 함수는 국소적으로 온함수의 실수부를 이루기 때문에 평균성 원리, 최대값정리, 유일확장성 정리 등 여러 성질을 가지는 점을 설명하였습니다. 특히 원반 영역 위에서는 포아송 적분공식 정리가 성립하므로 이를 상세히 설명하여 조화함수에 대한 이해를 높이려 하였습니다.

이 부분 이론의 중심은 조화함수의 응용에 거의 가장 중요한 위치를 차지하는 디리클레 (Dirichlet) 문제—유계 복소 영역의 경계 위에 정의된 실수 값을 가지는 연속함수가 주어지면, 이 함수와 경계에서 일치하는 조화함수를 영역의 내부에 구성하여 영역의 닫힘 집합 (closure)위에서 전체적으로 연속함수가 되게 하라는 문제—로 삼았습니다. 원반 영역의 디리클레 문제는 포아송 적분공식 정리를 사용하여 증명한 슈바르츠(H. A. Schwarz)의 정리이며, 이를 시작으로 하르나크 (Harnack) 이론을 뼈대로 삼고, 버금조화 봉우리함수를 이용한 페론 (O. Perron)의 방법론을 비교적 자세히 설명하여 디리클레 문제의 해결을 소개함으로써 8장의 이론 전개를 마무리하였습니다.

제9장에서는 역사적인 가치가 높고 수학적으로도 큰 의미가 있는 리만함수정리—복소 평면 전체가 아닌 진부분 집합인 복소 영역이 단순연결되어 있다면 이는 단위 원반과 온함수 동형이라는 정리—를 소개하고 증명하였습니다. 1851년 리만의 괴팅엔 대학교 강연에서 언급되었던 이 정리의 논증은 수학자들이 받아들이기 어려운 채로 오랜 세월이 흘렀습니다.

1912년 카라테오도리(Carathéodory)의 명쾌하고도 정확한 증명이 발표된 이후 지금까지 복소함수론 책에 표준 증명으로 수록된 이 증명은 그러나, 리만의 원래 착상과는 전혀 다른 논증입니다. 리만의 원래 착상은 부대 조건을 추가한 형태로 다루어지기는 했지만, 2017년에 와서야 로버트 그린 (Robert E. Greene)과 김강태 (이 책의 저자)의 논문이 리만의 원래 착상을 정확한 논증으로 재생해냈고, 그 결과가 최근에 널리 알려지기 시작하였으므로 이 책에서는 **로버트 그린·김강태**의 증명을 보다 개선하고 이를 상세히 소개하였습니다. 이 논증은 리만의 아이디어를 따라 조화함수의 디리클레 문제 해결을 중심 착상으로 사용하면서 이 책 전체의 지식을 아우르는 장점을 보여 주므로, 저자는 이 정도가 이 책 "복소함수론 I" 을 마무리하기에 좋은 시점이라고 생각하였습니다.

복소함수론의 세계는 광대하고 심오합니다. 이 책에 수록된 정도의 내용으로는, 300쪽을 넘겼음에도 복소함수론의 서론 정도에 불과하거든요. 하지만 그렇기에, 이 책의 제목을 "복소함수론 I" 로 정한 이유가 설명되기도 합니다. 당연한 일이겠지만, 다음 책—제게는 좀 더 흥미로운 내용을 포함하게 될—복소함수론 II가 길모롱이에서 저자에게 유혹의 손짓을 보내고 있기도 하고요. 후속 저술에 포함될 내용에 관해서는 이 책의 꼬리 부분에서 잠깐 설명하려 합니다.

이 책에서는 참고 문헌이 필요하다고 생각될 때마다 각주를 이용하여 인용하였으므로 따로 참고문헌 목록을 작성하지 않았고, 찾아보기 부분보다는 상세한 차례가 더 도움이 될 것이라고 생각하여 책 마지막 부분에 찾아보기 페이지 대신, 상세한 차례를 붙였습니다. 두 개의 차례는 비슷해 보이지만 같지 않습니다. 끝에 보다 상세한 차례를 다시 붙인 것이 고의이고 실수가 아닌 이유는, 주요 개념을 찾는 열쇠가 상세한 차례에 들어 있기 때문입니다. 그리고 책 전체에서 일관되게 사용한 기호가 몇 개 있기에 그것을 정리하여 이 글 바로 다음에 실었습니다.

2023년 8월 태풍이 지나간 포항에서 저자 씀.

차 례

이 책에서 통용되는 몇가지 기호

$$
\begin{aligned}
\mathbb{C} &= \text{복소수 전체의 집합, 복소 평면} \\
\mathbb{R} &= \text{실수 전체의 집합, 실수 직선} \\
\mathbb{Z} &= \text{정수 전체의 집합} \\
D(p,r) &= \{z \in \mathbb{C}\colon |z-p| < r\} \\
D^{\times}(p,r) &= \{z \in \mathbb{C}\colon 0 < |z-p| < r\} \\
E(p,r) &= \{z \in \mathbb{C}\colon |z-p| \le r\} \\
\mathbb{C}^{\times} &= \mathbb{C} \setminus \{0\}
\end{aligned}
$$

1

복소 해석함수의 기초 I

1.1 복소수, 복소함수, 복소미분

1.1.1 복소수와 복소 평면

복소수

복소수는 실수 a, b에 대하여 $a+ib$로 구성되어 있고, $i^2 = -1$ 라는 점만 고려해야 할 뿐, 우리가 많이 다루어 본 수식의 경우처럼, 덧셈 (addition), 뺄셈 (substraction), 곱셈 (multiplication), 나눗셈 (division) 등의 사칙 연산이 (Four basic operations) 모두 가능하다.

정의와 계산 방법을 보다 상세하게 소개하기로 하자. 덧셈과 뺄셈은

$$(a+ib) \pm (c+id) = (a \pm c) + i(b \pm d) \qquad \text{(복호동순)}$$

로 정의되고, 곱셈은

$$(a+ib)(c+id) = (ac-bd) + i(ad+bc)$$

로, 나눗셈은 $c+id \neq 0$ 라는 조건이 성립하면

$$\frac{a+ib}{c+id} = \Big(\frac{ac+bd}{c^2+d^2}\Big) + i\Big(\frac{-ad+bc}{c^2+d^2}\Big)$$

로 정의된다. 물론 나눗셈을 이렇게 정의하는 것은 황당해 보일 수도 있지만, 앞서 설명한 "자연스런 방법으로" 계산하여

$$\begin{aligned}\frac{a+ib}{c+id} &= \frac{(a+ib)(c-id)}{(c+id)(c-id)} \\ &= \left(\frac{ac+bd}{c^2+d^2}\right) + i\left(\frac{-ad+bc}{c^2+d^2}\right)\end{aligned}$$

와 같이 얻어내는 결과와 같으므로 이 역시 자연스러운 정의이다.

복소 평면

두 개의 실수 x, y와 허수단위 i를 사용하여 만든 $z = x + iy$ 라는 복소수의 표현이 제시하듯이 기호 $\mathbb{C}$로 표현하는 복소수의 집합은 순서짝 (x, y) 들의 집합, 즉, xy **평면**이라 부르고 기호 $\mathbb{R}^2$로 표현하는 익숙한 평면과 기하학적으로 매우 비슷하다. 이 책에서는 복소수의 곱셈과 나눗셈을 제외하고는 거의 대부분의 경우에 $x+iy$와 순서짝 (x, y)를 동일시할 것이고, 반드시 구별할 필요가 있을 경우에는 따로 밝힐 것이다.

그러므로 두 복소수 $z = x + iy, w = u + iv$ 사이의 **거리** (distance)는

$$|z - w| = |(x + iy) - (u + iv)| \tag{1.1}$$

$$= \sqrt{(x-u)^2 + (y-v)^2} \tag{1.2}$$

로 정의한다. 따라서 복소함수의 뉴턴 분수의 수렴에 관해 분석할 때에는 2차원 실수 평면에서의 극한을 다룰 때 마주했던 주의

사항을 감안하는 것도 자연스러울 것이라고 예상할 것 같은데, 실제로 그러하다. 이론을 전개해 나가면서 이런 점에 대해서도 보다 자세히 토의하게 될 것이다.

이번에는 실수 x, y에 의해 구성된 복소수 $z = x + iy$ 에 대해서 기호 $\bar{z}$와 $|z|$를 소개하려 한다.

복소수 $z = x + iy$ (여기에서 x, y는 실수이다.) 에 대하여 복소수 $\bar{z} = x - iy$가 z의 **켤레복소수** (complex conjugate) 이다. x와 y는 각각 복소수 z의 **실수부** (the real part)와 **허수부** (the imaginary part)라고 부르며 기호로 각각 Re z, Im z 로 적는다. 그러면

$$\operatorname{Re} z = x = \frac{z + \bar{z}}{2}, \qquad \operatorname{Im} z = y = \frac{z - \bar{z}}{2i}$$

등도 쉽게 확인할 수 있다.

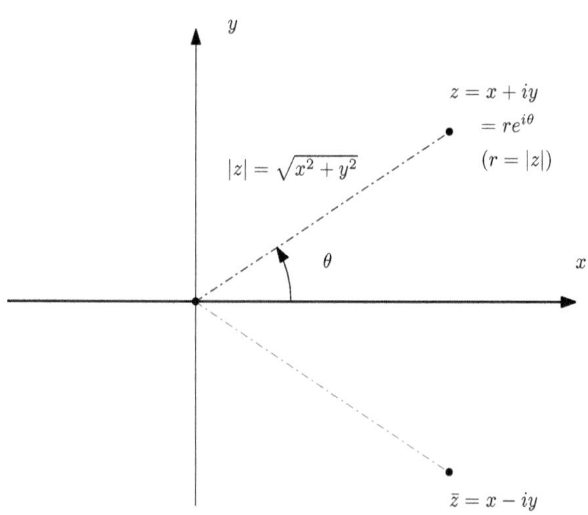

절대값 기호 $|z|$는

$$|z| = \sqrt{x^2 + y^2}$$

를 뜻한다. 따라서 z가 실수인 경우에는 복소수의 절대값 $|z|$가 실수의 절대값과 같으며, 이렇게 실수의 절대값이 복소수의 절대값 개념으로 확장된다. 용어 역시 $|z|$를 복소수 z 의 **절대값** (absolute value)이라고 부르기로 한다.[1]

복소 평면 개념과 함께 복소수의 사칙 연산이 가지는 기하적인 의미가 있다. 덧셈과 뺄셈은 좌표끼리 연산되므로 그 기하적 의미가 비교적 명확하지만, 곱셈과 나눗셈의 기하적 의미를 밝히는 것은 조금 노력과 생각을 필요로 한다. 평면 위의 좌표 (x, y)가 나타내는 점이 원점이 아닐 경우 $r = \sqrt{x^2 + y^2}$ 로 두면

$$(x, y) = r\left(\frac{x}{r}, \frac{y}{r}\right)$$

라는 것도 알 수 있고, 평면기하의 이론에 의해 원점으로부터 x 축의 양수 방향으로 뻗는 반직선과 원점으로부터 점 (x, y)까지 뻗는 선분이 이루는 각을 θ (라디안 radian) 라고 두면

$$\cos\theta = \frac{x}{r}, \quad \sin\theta = \frac{y}{r}$$

를 얻는다. 이것은 미적분학에서 배운 **극좌표 표현** (polar coor-

[1] 영어권에서는 z의 "계량을 나타내는 수" 라는 의미에서 modulus라는 용어도 쓰인다. 이 용어에 해당되는 우리말로는 영한사전 등이 추천하는 "계수" 정도가 적절해 보이지만 그건 이미 다른 뜻의 수학 용어로 정착되어 있으므로 따르지 아니한다.

dinate representation)과 정확히 같다. 이를 복소수 $z = x+iy$에 적용할 수 있는데, 보다 익숙한 표현으로

$$|z| = r,\ x = r\cos\theta,\ y = r\sin\theta$$

등의 관계식과,

$$z = r(\cos\theta + i\sin\theta) \tag{1.3}$$

라는 표현을 얻는다. 이렇게 얻어지는 θ를 복소수 z의 **편각** (argument) 이라고 부르고, 기호 $\arg z$로 쓰기도 한다.

$z = 0$ 인 경우는 원점 $(0, 0)$에 해당하므로 $|z| = 0$이고, 편각은 별 역할을 하지 못하는데, 이것은 극좌표의 태생적인 한계라고 해야 할 것 같다.

이제 두 복소수 $z = |z|(\cos\theta + i\sin\theta)$와 $w = |w|(\cos\psi + i\sin\psi)$의 곱은 삼각함수의 덧셈공식에 의해서

$$\begin{aligned} zw &= |z||w|[(\cos\theta\cos\psi - \sin\theta\sin\psi) \\ &\quad + i(\sin\theta\cos\psi + \cos\theta\sin\psi)] \\ &= |z||w|[\cos(\theta+\psi) + i\sin(\theta+\psi)] \end{aligned}$$

로 표현된다. 그러므로 두 복소수의 곱 zw은, 그의 절대값이 z, w 각각의 절대값의 곱과 같고, 편각은 각각의 편각의 합으로 표현되는 복소수이다. 이것이 복소수의 곱의 기하적 의미이다.

복소수의 나눗셈은 어떨까? 비슷한 계산에 의해

$$\frac{z}{w} = \frac{|z|}{|w|}\big(\cos(\theta-\psi) + i\sin(\theta-\psi)\big)$$

를 얻는다. 이것을 확인하고, 기하적 의미를 서술하는 것은 독자에게 연습문제로 남긴다.

복소수의 역사에 대한 언급은 생략한다.[2]

연습 문제

문제 1.1.1 두 복소수 $A = (1+\sqrt{3}i)(1+i), B = \frac{1+i}{1+\sqrt{3}i}$ 를 복소평면 위에 표시해 보고, 곱셈과 나눗셈의 기하적인 의미를 찾아 보아라.

문제 1.1.2 (삼각함수의 덧셈정리 복습) 삼각형 ΔABC의 두 변 AB, AC 사이에 낀 각을 A로 표시한다면 이 삼각형의 넓이가 $\frac{1}{2}|AB||AC|\sin A$ 가 되는 것은 삼각비 $\sin A$의 정의로부터 바로 유도된다. 그러면 조건 $0 < \alpha, 0 < \beta$, $\alpha+\beta < \pi$를 만족하는 두 각 α, β에 대하여 평면 위의 한 점 A 로부터 세 반직선이 뻗어 나가며, 첫 두 반직선 사이의 각이 α, 두 번째와 세 번째 반직선 사이의 각이 β가 되게 한 다음, 세 반직선과 만나도록 네 번째 직선분을 반직선 AC와 직교하도록 그린다. 아래 그림과 같이 교점들에 순서대로 이름을 B, C, D로 붙이기로 하자. 그러면 삼각형들의 넓이에 대하여 $|\Delta ABD| = |\Delta ABC| + |\Delta ACD|$가

[2]관심 있는 독자에게는 [V. Varadarajan, “Algerbra in ancient and modern times.” American Mathematical Society. 1992.] 와 그 안에 있는 참고문헌을 권한다.

성립한다. 여기에 위의 넓이 공식과 삼각비의 정의를 사용하면 사인에 관한 덧셈정리를 쉽게 얻는다. 이를 확인하여라.

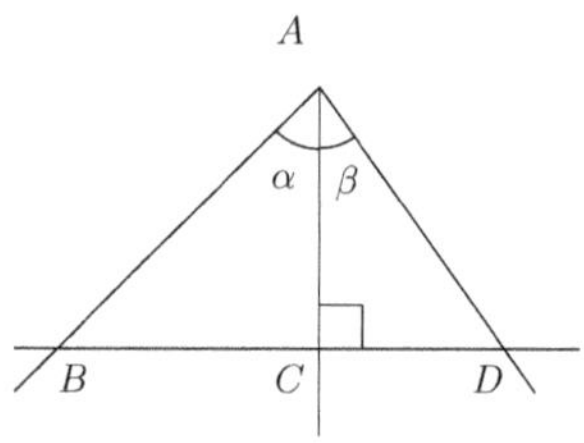

1.1.2 복소 미분의 정의

미분 개념은 거의 항상 열린 집합 위에서 논의된다. 열린 집합의 개념은 일반위상수학 (General Topology)에서 잘 다루지만 우리는 복소 평면 위에서 함수론을 생각하기에 열린 부분집합을 쉽게 정의할 수 있다. 먼저, 점 $a \in \mathbb{C}$ 와 실수 r에 대하여 $D(a,r) = \{z \in \mathbb{C} \colon |z-a| < r\}$를 생각하는데, 이는 **중심이** a **에 있고 반지름이** r **인 열린 원반**이라고 부르는 집합이다. 다만 $r \leq 0$인 경우에는 공집합이 되겠다. 이 기호와 정의는 이 책 전체에서 사용하도록 하겠다. 한편, **열린 집합** (open set)이란 이런 열린 원반들의 합집합으로 표현되는 집합을 말한다.

정의 1.1.1 복소평면 $\mathbb{C}$ 안에 있는 열린 집합 U 위에 정의된 함수 $f \colon U \to \mathbb{C}$가 주어졌다고 하자. 이 함수가 점 $z_0 \in U$

에서 극한에 관한 조건

$$\lim_{z \to z_0} \frac{f(z) - f(z_0)}{z - z_0} = A \tag{1.4}$$

가 성립하게 하는 복소수 $A \in \mathbb{C}$를 가진다면, 함수 f가 점 z_0에서 **복소 미분 가능** (complex differentiable at z_0) 하다고 정의한다. 그리고, 위 식의 좌변을 **(복소) 뉴턴 분수**; ((complex) Newton quotient), 우변의 복소수 A를 점 z_0 에서의 함수 f의 **복소미분** (complex derivative)이라고 부르며, A를 기호 $f'(z_0)$로 표현한다.

이제 ϵ and δ **논법**에 의해, (1.4)를 아래와 같이 정의한다.

임의의 양수 ϵ 에 대하여 양수 δ를 찾아, 복소수 z가 두 조건 $z \in U$와 $0 < |z - z_0| < \delta$를 만족시키기만 하면 부등식 조건

$$\left| \frac{f(z) - f(z_0)}{z - z_0} - A \right| < \epsilon$$

가 성립하게 할 수 있다.

도움정리 1.1.1 함수 $f : U \to \mathbb{C}$가 점 $z_0 \in U$에서 미분가능할 경우 함수

$$E(z) := f(z) - [f(z_0) + f'(z_0)(z - z_0)]$$

는 조건

$$\lim_{z \to z_0} \frac{E(z)}{z - z_0} = 0 \tag{1.5}$$

를 만족시킨다.

증명은 미분의 정의로부터 바로 따라나온다.

도움정리 1.1.2 복소수 z에 대하여

(1) $|z| = \sqrt{z\bar{z}}$

(2) $|z| = 1$ **인 경우에는** $\bar{z} = 1/z$

(3) $z = 0 \Leftrightarrow |z| = 0$

등이 성립한다.

연습 문제

문제 1.1.3 아래 함수들의 복소 미분을 주어진 점에서 계산해 보아라. 복소 미분이 존재하지 않는 경우에는 왜 존재하지 않는지 이유를 설명해 보아라.

(1) $f(z) = z$ 를 점 $z = 2$ 에서.

(2) $f(z) = \bar{z}$ 를 점 $z = 1$ 에서.

(3) $f(z) = \frac{1+z^2}{z}$ 를 점 $z = 2i$ 에서.

(4) $f(z) = |z|^2$ 를 점 $z = 0$ 에서.

1.2 복소 해석함수, 온함수

이제 이 책의 주요 공부 대상을 정의한다.

> **정의 1.2.1** 복소 평면의 열린 부분집합 U 위에 정의되고 복소수 값을 가지는 함수 $f\colon U \to \mathbb{C}$가 U 안에 있는 어느 점에서든지 복소 미분가능하면, 이 함수 $f\colon U \to \mathbb{C}$를 U 위에 정의된 **복소해석함수** (complex analytic function on U), 또는 U 위에 정의된 **온함수** (holomorphic function on U) 라고 부른다.

이 책에서는 정의구역으로 열린 집합을 사용하지만 정의구역이 공집합인 경우는 설명을 따로 붙이는 경우를 제외하고는 고려하지 아니한다.

실변수함수의 경우와 비슷하게 복소미분가능한 점에서

$$\lim_{z\to z_0} \frac{f(z)-f(z_0)}{z-z_0} = f'(z_0)$$

로 복소미분계수 기호를 쓰기로 한다. 그러면 $f\colon U \to \mathbb{C}$ 가 온함수일 경우에는 $f'\colon U \to \mathbb{C}$가 자연스럽게 정의되며 이를 실변수함수의 경우처럼 **도함수** (derivative)라고 부른다.

복소해석함수, 온함수 등의 명칭

정의구역의 모든 점에서 복소미분가능일 뿐인 함수를 하필이면 "복소해석함수" 라는 이름으로 부르는 이유는 무엇일까? 차차 밝혀지겠지만, 이런 함수는 수렴하는 멱급수 (power series)로 표현된다는 좋은 성질을 가지는데, 그렇다면 이런 관점에서는 함수가 $\sum_{n=0}^{\infty} a_n(z - z_0)^n$ 과 같게 되어 단항식들의 무한합으로 조립되듯이 해석/분석 된다는 전통적인 이해가 있다. 그래서 "해석 가능 (analytic)" 함수라는 이름이 붙었다고 보면 되겠다. 이런 이해는 복소함수론에서 유용하므로 뒤에 자세히 다루게 될 것이다.

한편, 이런 함수는 그 외에도 좋은 성질을 매우 많이 가진다는 것도 연구를 통해 꽤 밝혀졌다. 그래서 수학자들은 이런 함수가 '완전' 하다고 부를 만하다고 여겼고, 완전하다는 뜻을 가진 그리스어 접두사 'holo' 와 변환을 의미하는 'morph' 를 합하여 영어 용어 holomorphic mapping/function 을 사용했다. 영어권에서는 한때, integral function 혹은 entire function 이라는 용어가 쓰이기도 했지만, 현대에 와서 "완전함수 (entire function)" 라는 용어는 정의구역이 복소 평면 전체인 복소해석함수를 지칭하게 되었고, holomorphic function 이란 용어는 일반적인 복소해석함수를 가리키게 되었다. 그래서, 저자는 holomorphic function에 대응될 만한 우리말 용어로 "온함수" 를 택하였다. '복소해석함수' 라는 용어가 나쁘지 않지만 조금 길고 거추장스러운 느낌이 들기 때문이다. '온함수' 라는 용어가 널리 쓰였으면 한다.

'잠정적인 부대 조건' 에 관하여

정확하고 일반적인 온함수에 대한 이론 전개를 위해서 앞에 소개한 정의 (정의 1.2.1)로 충분하지만 어떤 책에서는 온함수를 **도함수 $f' : U \to \mathbb{C}$가 존재할 뿐 아니라 도함수가 연속함수** 라는 더 강한 조건을 더하기도 한다. 하지만, 온함수 $f\colon U \to \mathbb{C}$의 원래 정의에는 도함수 $f' : U \to \mathbb{C}$가 같은 정의구역을 가지는 것은 보장되어 있지만, 도함수의 연속성까지 가정하고 있지는 아니하다. 온함수 f 자신은 미분가능하기 때문에 당연히 연속함수가 되어야 하지만 도함수 f'까지 연속이어야 할 이유가 없는 것이다. 그러므로 도함수 f'가 연속이라는 C^1 조건을 추가한다면, 이런 배려는 온함수의 정의에 또다른 제한 조건을 추가하는 셈이 된다.

물론 이 책에서는 온함수의 원래 정의 외에 어떤 부대 조건도 없이 이론을 전개하기 때문에, C^1 조건을 가정하는 경우보다 증명이 조금 어려울 수 있다. 하지만, 실제로 이 책의 이론 전개에서는, 온함수의 원래 정의로부터 온함수의 도함수가 연속함수임을 증명하겠고, 이어서 다른 책에서 그런 부대 조건을 사용하려는 이유도 볼 수 있도록 내용을 준비하였다. 그러므로 독자가 앞으로의 이론 전개에서 부대 조건을 가정하였더라면 쉬워지는(!) 부분이 어디에 있는지 식별해 보는 것도 좋은 과제일 수 있겠다.

1.3 코시-리만 방정식

복소 미분을 정의하는 뉴턴 분수의 극한값이 존재한다는 조건 속에는 놀랍게도 복소미분가능 함수가 만족시키는 편미분에 관한 조건이 들어 있다. 확인해 보기로 하자.

먼저 열린 집합 $U \subset \mathbb{C}$ 위에 정의된 함수 $f: U \to \mathbb{C}$가 점 $z_0 \in U$에서 복소미분가능하다고 하자. 그러면 조건

$$\lim_{z \to z_0} \frac{f(z) - f(z_0)}{z - z_0} = A$$

가 성립하게 하는 복소수 $A = a + ib$ 가 존재한다. 이 조건을 다시 쓰면,

$$\begin{aligned} 0 &= \lim_{z \to z_0} \left(\frac{f(z) - f(z_0)}{z - z_0} - A \right) \\ &= \lim_{z \to z_0} \frac{1}{z - z_0} \big(f(z) - f(z_0) - A(z - z_0) \big) \end{aligned} \tag{1.6}$$

를 얻는다.

이제 통상적인 기호 $z = x + iy, z_0 = x_0 + iy_0$와 함께 실수 함수

$$\begin{aligned} u(x, y) &= u(z) = \text{Re } f(z) = \frac{f(z) + \overline{f(z)}}{2} \\ v(x, y) &= v(z) = \text{Im } f(z) = \frac{f(z) - \overline{f(z)}}{2i} \end{aligned}$$

를 사용하기로 하자. 그러면 물론 $f(z) = u(x, y) + iv(x, y)$ 가

성립한다. 복소수의 사칙연산 (Four basic operations)에 의해

$$\begin{aligned} &A(z-z_0) \\ &\quad = [a(x-x_0)-b(y-y_0)]+i[b(x-x_0)+a(y-y_0)] \end{aligned}$$

도 쉽게 얻는다. 지금 이런 논리를 펴는 이유는 복소함수 $f(z)$를 벡터 미적분학에서 다루는 실변수함수의 미분 이론을 통해 비교 조명함으로써 $f(z)$의 복소 미분 가능성과 복소 미분에 대한 이해를 보다 폭넓게 하고 싶기 때문이다.

이를 위해 복소수 $a+ib$와 실수로 이루어진 순서짝 (a,b), 혹은 필요하다면 이를 $\begin{bmatrix} a \\ b \end{bmatrix}$ 형식의 세로 벡터 (column vector) 형태로 쓰기로 하자. 지금은 가로 벡터와 세로 벡터를 특별히 구분하지 않고 쓰려 하지만, 행렬과 벡터 계산중에 가로 벡터와 세로 벡터 표현들을 섞어 쓰는 일이 없도록 하여, 불필요한 혼동을 피하도록 노력할 것이다.

우선 지금까지 다룬 내용을 종합하면 복소미분가능성 조건이 아래와 같이 논리적으로 동등한 표현으로 다양하게 바뀐다는 것을 알 수 있다.

$$\begin{aligned} &\lim_{z\to z_0}\frac{f(z)-f(z_0)}{z-z_0}=A \\ \Leftrightarrow &\lim_{z\to z_0}\frac{1}{z-z_0}\big(f(z)-f(z_0)-A(z-z_0)\big)=0 \\ \Leftrightarrow &\lim_{|z-z_0|\to 0}\frac{1}{|z-z_0|}\big|f(z)-f(z_0)-A(z-z_0)\big|=0 \end{aligned}$$

특히 마지막 표현은 행렬과 세로 벡터를 이용하면 아래와 같은

표현으로 다시 바뀐다.

$$\begin{bmatrix} 0 \\ 0 \end{bmatrix} = \lim_{(x,y)\to(x_0,y_0)} \frac{1}{\sqrt{(x-x_0)^2+(y-y_0)^2}} \cdot \\ \cdot \left(\begin{bmatrix} u(x,y) \\ v(x,y) \end{bmatrix} - \begin{bmatrix} u(x_0,y_0) \\ v(x_0,y_0) \end{bmatrix} - \begin{bmatrix} a & -b \\ b & a \end{bmatrix} \begin{bmatrix} x-x_0 \\ y-y_0 \end{bmatrix} \right)$$

이 표현은 정의구역인 U를 실수 2차원 평면 $\mathbb{R}^2$ (즉, xy 평면)의 열린 부분집합으로, 복소평면 $\mathbb{C}$를 $\mathbb{R}^2$로, 그리고 함수 f를

$$f : \begin{bmatrix} x \\ y \end{bmatrix} \to \begin{bmatrix} u(x,y) \\ v(x,y) \end{bmatrix} \ : \ U \to \mathbb{R}^2$$

로 보고 점 $\begin{bmatrix} x_0 \\ y_0 \end{bmatrix}$에서 미분 가능성을 따지는 경우에 사용하는 표현에 해당한다. 뿐만 아니라 여기에 등장하는 2×2 행렬은 그 유명한 야코비안(Jacobian) 행렬과[3] 같아야 하므로

$$\begin{bmatrix} a & -b \\ b & a \end{bmatrix} = \begin{bmatrix} \frac{\partial u}{\partial x} & \frac{\partial u}{\partial y} \\ \frac{\partial v}{\partial x} & \frac{\partial v}{\partial y} \end{bmatrix}_{(x_0,y_0)}$$

가 성립해야 한다. 이로부터

[3] 2변수 함수의 미분에 관하여, 무료 다운로드가 가능한 [Kang-Tae Kim (2017), Lecture notes on Calculus in POSTECH, `https://sites.google.com/site/kangtaekim00` 의 Books and Booklets] 등을 참조할 수 있다.

도움정리 1.3.1 f가 점 z_0에서 복소미분가능하면 $f = \begin{bmatrix} u \\ v \end{bmatrix}$가 실변수함수로서 미분가능하다.

를 얻을 뿐만 아니라

$$\begin{cases} \left.\dfrac{\partial u}{\partial x}\right|_{(x_0,y_0)} = a = \left.\dfrac{\partial v}{\partial y}\right|_{(x_0,y_0)} \\ \left.\dfrac{\partial u}{\partial y}\right|_{(x_0,y_0)} = -b = -\left.\dfrac{\partial v}{\partial x}\right|_{(x_0,y_0)} \end{cases}$$

도 성립하는 것을 알게 된다. 그러므로 아래 정리도 얻는다.

정리 1.3.2 (코시·리만 방정식) 복소평면 위의 열린 영역 U에 정의된 복소함수 $f: U \to \mathbb{C}$에 대하여, 이 함수가 온함수(즉, 복소해석가능함수)라는 조건과, 이 함수가 실변수함수로서 미분가능하고 연립방정식

$$\begin{cases} \dfrac{\partial u}{\partial x} = \dfrac{\partial v}{\partial y} \\ \dfrac{\partial u}{\partial y} = -\dfrac{\partial v}{\partial x} \end{cases} \tag{1.7}$$

를 만족시킨다는 조건은 논리적으로 동등하다.[a]

[a]서로 필요충분 관계에 있다고 쓰기도 한다.

위의 연립 편미분방정식은 최초 발견자인 코시 (Cauchy)와 리만 (Riemann) 두 분 학자의 이름을 붙여 **코시·리만 방정식** (Cauchy-Riemann equation) 이라고 부른다.

증명 (개요). [온함수 ⇒ 코시·리만 방정식]: 이미 위에서 설명한 바에 의해 따라오니 별도로 증명하지 아니한다.

[코시·리만 방정식 ⇒ 온함수]: 역시 위의 설명을 정밀하게 (역방향으로) 조사해 보면 증명이 자연스럽게 따라온다. 점 $z_0 \in U$ 각각에 대하여

$$A = \frac{1}{2}\Big(\frac{\partial u}{\partial x}\Big|_{(x_0,y_0)} + i\frac{\partial v}{\partial x}\Big|_{(x_0,y_0)}\Big)$$

로 두면 코시·리만 방정식을 적용하여 $\lim_{z \to z_0} \frac{f(z) - f(z_0)}{z - z_0} = A$ 를 얻고, 이로부터 증명을 완결할 수 있다. 바로 위의 식을 유도하는 과정을 자세히 써 보는 것은 독자를 위한 연습문제로 돌린다.

보충 1.3.1 코시·리만 방정식을 유도하는 과정을 다른 책에서는 극한에 관한 조건

$$\lim_{z \to z_0} \frac{f(z) - f(z_0)}{z - z_0} = A$$

로부터 직접 유도한다. 즉, $y = y_0$로 고정하고 $x \to x_0$를 따라 택하는 극한값도 A이고, $x = x_0$로 고정하고 $y \to y_0$를 따라 계산한 극한값도 역시 A로 같아야 하기 때문에, 이로부터 계산을 통해 코시·리만 방정식이 유도된다. 그렇게 하는 편이 좀 더 단순하지만, 다변수 미적분학의 미분 이론에 기초를 둔 우리의 이론 전개도 나름대로 의미가 있다는 점을 말해 둔다.

연습 문제

문제 1.3.1 정리 1.3.2의 증명을 상세하게 스스로 작성하여 보아라.

문제 1.3.2 아래 연습 문제를 풀어라. 코시-리만 방정식을 이용하는 것이 얼마나 편리한지 느끼게 될 것이다.

(1) $f(z) = \bar{z}$ 는 복소 평면 전체에 정의된 함수이며 복소 변수 $z = x + iy$를 구성하는 두 실변수 x, y 각각에 대한 편미분을 모든 점에서 가진다. 그렇지만 복소 평면 위의 어느 점에서도 복소미분가능하지 않다! 이 점을 증명하여라.

(2) $f(x + iy) = e^x \cos y + ie^x \sin y$ 가 복소미분가능한 점을 모두 찾아 보아라.

(3) $f(z) = z^2 \bar{z}$ 가 복소미분가능한 점을 모두 찾아 보아라.

미분작용소 두 개

독자에게는 약간 갑작스러울 수도 있지만, 이 시점에서 복소함수론에 자주 등장하는 미분작용소 두 개를 소개하려고 한다.

$$\frac{\partial}{\partial z} := \frac{1}{2}\Big(\frac{\partial}{\partial x} - i\frac{\partial}{\partial y}\Big)$$
$$\frac{\partial}{\partial \bar{z}} := \frac{1}{2}\Big(\frac{\partial}{\partial x} + i\frac{\partial}{\partial y}\Big).$$

이 작용소를 소개하는 이유는 아래와 같다.

정리 1.3.3 영역 U 위에서 정의된 복소함수 $f\colon U \to \mathbb{C}$가 실수함수의 관점에서 미분가능하면, f가 코시·리만 방정식을 만족시킨다는 조건과 방정식 $\dfrac{\partial f}{\partial \bar{z}} = 0$을 만족시킨다는

조건은 논리적으로 같다. 또한, 복소함수 f가 온함수이면 $\dfrac{\partial f}{\partial z} = f'(z)$ 가 성립한다.

증명. 단순 계산에 의해 얻어지므로 생략한다. □

한편, 계산은 조금 번거롭지만 역시 단순 계산에 의해 얻어지는 아래 정리도 확인해 두면 편리할 때가 많다.

정리 1.3.4 (연쇄미분공식) **함수 $f\colon U \to V$ 와 $g\colon V \to \mathbb{C}$ 가 모두 C^1 급이면, 기호 $w = f(z)$와 $\zeta = g(w)$를 사용한 아래 등식**

$$\left.\frac{\partial(g \circ f)}{\partial z}\right|_a = \left.\frac{\partial g}{\partial w}\right|_{f(a)} \left.\frac{\partial f}{\partial z}\right|_a + \left.\frac{\partial g}{\partial \bar{w}}\right|_{f(a)} \left.\frac{\partial \bar{f}}{\partial z}\right|_a,$$
$$\left.\frac{\partial(g \circ f)}{\partial \bar{z}}\right|_a = \left.\frac{\partial g}{\partial w}\right|_{f(a)} \left.\frac{\partial f}{\partial \bar{z}}\right|_a + \left.\frac{\partial g}{\partial \bar{w}}\right|_{f(a)} \left.\frac{\partial \bar{f}}{\partial \bar{z}}\right|_a$$

가 성립한다.

따름정리 1.3.5 **$f\colon U \to \mathbb{C}$가 C^1 급이면,**

$$\overline{\left(\frac{\partial f}{\partial z}\right)} = \frac{\partial \bar{f}}{\partial \bar{z}}$$

가 성립한다.

이들 정리와 따름정리의 증명은 실변수함수의 연쇄미분공식으로부터 따라나온다. 확인은 연습 문제로 돌린다.

연습 문제

문제 1.3.3 정리 1.3.2의 자세한 증명을 구성하여라.

문제 1.3.4 다음 함수 각각이 온함수인지 여부를 밝혀라.

(1) $f(z) = \frac{1}{z-1}$.

(2) $f(z) = |z|^2$.

(3) $f(z) = z^3 \bar{z}$.

(4) $f(z) = iz - \bar{z}$.

문제 1.3.5 정리 1.3.4 (연쇄미분공식) 과 따름정리를 증명하여라.

문제 1.3.6 $A_0, A_1, \ldots, A_n$ 이 모두 복소수라고 하자. 그러면 다항식

$$f(z) = A_0 + A_1 z + A_2 z^2 + \cdots + A_n z^n$$

가 온함수임을 보여라.

그리고, 보다 일반적으로, 두 함수 $f, g \colon U \to \mathbb{C}$가 모두 온함수이면 $f+g, f-g, fg$ 역시 모두 각각 온함수이고, f/g도 U에서 g의 값이 0이 되는 점을 제외한 집합을 정의구역으로 하는 온함수가 된다. 이 사실을 증명하여라.

문제 1.3.7 복소함수는 복소미분가능한 점에서는 연속이다. 이를 증명하여라.

문제 1.3.8 복소함수 $f\colon U \to \mathbb{C}$에 대하여, 조건

$$\frac{\partial f}{\partial \bar{z}} = 0$$

가 코시·리만 방정식과 논리적으로 동등함을 증명하여라.

문제 1.3.9 온함수 f에 대하여

$$f'(z) = \frac{\partial f}{\partial z} = \frac{\partial f}{\partial x}$$

가 성립함을 증명하여라.

문제 1.3.10 열린 집합 $U, V \subset \mathbb{C}$ 위에 정의된 함수 $f\colon U \to \mathbb{C}$와 $g\colon V \to \mathbb{C}$에 대하여 $z_0 \in U$, $w_0 = f(z_0) \in V$가 성립한다고 가정하면, 연쇄미분공식

$$(g \circ f)'(z_0) = g'(w_0)f'(z_0)$$

가 성립함을 증명하여라. 이로부터 온함수들의 합성함수는 온함수라는 결론도 따라 나온다.

문제 1.3.11 라플라스 작용소 $\Delta := \dfrac{\partial^2}{\partial x^2} + \dfrac{\partial^2}{\partial y^2}$ 를 생각하기로 하자. 실수값을 가지는 C^2 급 함수 $u\colon U \to \mathbb{R}$가 편미분 방정식 조건 $\Delta u = 0$를 만족시키면 u를 **조화함수** (harmonic function)라고 부른다.[4] 이제, $u(x, y) = u(x + iy) = u(z)$의 복소 편도함수 중에서 $\dfrac{\partial u}{\partial z}$가 온함수임을 증명하여라.

---

[4]함수 $u(x, y)$ 가 C^2 수준이면 2계 편미분들 중에서 변수의 순서를 바꾸어 계산한 편미분들의 값이 일치한다. 오일러 (Euler)의 정리 중 하나이다.

1.4 복소 지수함수 e^z

오일러 (L. Euler) 이론을 따라, 복소평면 전체에 정의된 함수

$$f(z) = e^x \cos y + ie^x \sin y$$

를 생각하자. 코시·리만 방정식을 적용하면 이 함수가 온함수이며 복소 평면 전체를 정의구역으로 가지는 것을 알 수 있다. 이런 함수 즉, 복소 평면 전체에 정의되는 온함수는 특히 **완전함수** (entire function)라고 부른다.

이 함수는 특별한 성질을 가진다.

(1) $\operatorname{Im} z = 0$ 즉 $z = x + 0i$ 이면, $f(z) = e^x \cos 0 + ie^x \sin 0 = e^x$.

(2) 두 복소수 $z = x + iy, w = u + iv$ 에 대하여 $f(z + w) = f(z)f(w)$ 가 성립한다. 이는, 아래와 같이 직접 계산으로 증명된다.

$$\begin{aligned} f(z+w) &= e^{x+u}\cos(y+v) + ie^{x+u}\sin(y+v) \\ &= e^x e^u(\cos y \cos v - \sin y \sin v \\ &\qquad + i \sin y \cos v + i \cos y \sin v) \\ &= e^x(\cos y + i \sin y) \cdot e^u(\cos v + i \sin v) \\ &= f(z)f(w). \end{aligned}$$

(3) $f(z) \neq 0, \forall z \in \mathbb{C}$. 이것도 쉽게 증명된다. 결론을 부정하

여 $f(z) = 0$ 이 되는 경우가 있다고 가정하자. 그러면

$$e^x(\cos y + i\sin y) = 0 \Rightarrow \cos y = 0 = \sin y.$$

그러나 이것은 $\cos^2 y + \sin^2 y = 1, (\forall y \in \mathbb{R})$ 즉, 피타고라스 정리에 모순이다. 따라서 $f(z) \neq 0, (\forall z \in \mathbb{C})$.

(4) $f(0) = 1$.

(5) $f'(z) = f(z)$. 이 사실의 증명도 쉽다. 온함수의 성질을 이용하면

$$f'(z) = \frac{\partial f}{\partial x} = \frac{\partial}{\partial x}(e^x(\cos y + i\sin y)) = f(z)$$

를 바로 확인할 수 있다.

이런 성질이 주요 동기가 되어 우리는 이 함수 $f(z)$를 복소 지수함수 (complex exponential function) 라고 부르며 기호 e^z로 표시한다.**이 구성과 정의 및 그 유용함은 오일러 (L. Euler) 의 이론을 따른 것이다.** 그러면 우리에게 익숙한 지수법칙,

$$e^{z+w} = e^z e^w,\ e^{-z} = 1/e^z,\ e^0 = 1,\ e^1 = e$$

등이 성립한다.

또한 실수 t에 대하여는

$$e^{it} = \cos t + i\sin t$$

가 성립한다. 이 관계식은 특히 **오일러의 공식** (Euler's formula) 이라고 부른다. 특히 임의의 자연수 k에 대하여

$$e^{2k\pi i} = \cos(2k\pi) + i\sin(2k\pi) = 1$$

가 성립하는 것을 알 수 있는데, 이는 실수의 경우 지수함수 $f(x) = e^x$가 단조증가함수이고, 그래서 단사함수인 것과는 대조적으로, 복소지수함수는 단사함수가 아닌 것을 보여준다. 기억해 둘 만한 현상이다.

또한 중심이 p에 있고 반지름이 r인 복소평면 위에 있는 원은 매개변수방정식

$$z(t) = p + re^{it}, \quad (0 \leq t \leq 2\pi)$$

로 자연스럽게 표현된다는 점도 기억해 두자.

연습 문제

문제 1.4.1 $z(t) = x(t) + iy(t)$, $p = p_1 + ip_2$ 라 두고, 복소평면을 실수 2차원 평면, 즉 xy 평면과 동일시하여 복소 방정식 $z(t) = p + re^{it}, (0 \leq t \leq 2\pi)$를 실수 매개변수 방정식으로 표시할 수 있다. 이 매개변수 방정식을 써 보고, 곡선과 곡선의 진행 방향 등에 대하여 점검해 보아라.

문제 1.4.2 복소변수 z 에 관한 방정식 $|z-1|^2 = 2|z-1|^2$ 를 만족하는 점 z를 모아놓은 집합은 복소평면 위에 있는 곡선이

된다. $z = x + iy$ 라 두고 주어진 방정식을 두 실변수 x, y 로 표시해 보아라. 이 곡선은 어떤 곡선인가?

문제 1.4.3 직선, 포물선, 쌍곡선, 원과 타원 등 소위 원뿔곡선 (원뿔과 평면이 교차할 때 생기는 곡선) 들을 복소변수 z 와 켤레 변수 $\bar{z}$를 사용하는 방정식으로 표현하여라.

1.5 마실: (복소) 영역

복소함수론에서는 일반적인 열린 집합보다는 **연결된 열린 집합** (connected open set) 개념을 쓰는 경우가 많다. 그래서 이 분야를 연구하는 수학자들은 이론 전개에 자주 등장하는 이 집합을 "연결된 열린 집합" 이라고 쓰기 보다는 **영역** (domain) 이라는 용어로 부르는 편을 선호한다. 우리도 이 용어 "영역"을 애용할 예정이다. 열린 원반 $D(a, r)$은 물론 영역이다.

복소함수론에 관한 영어권의 책에서는 용어 "domain" 외에 "region" 이라는 용어도 등장한다. 대개 "region" 이라고 하면 열린 집합이지만 굳이 연결된 집합이 아닌 경우를 말하는 것이 보통인데, 사전적인 번역으로는 두 용어가 다 우리말 "영역"에 해당한다. 이 책에서는 "영역" 이라고 하면 예외 없이 연결된 열린 집합임을 말한다는 점을 강조해 둔다. 연결될 필요가 없는 열린 집합인 경우에는 단순히 "열린 집합" 이라고 쓸 것이다.

집합의 연결 여부는 위상수학적(topological) 개념이다. 따라서 연결성에 관한 토의는 일반적인 위상공간에서 일반적으로 다루지만, 이 책에서는 복소 평면의 부분집합의 연결성만을 다룰 것이다. 먼저 정의를 소개한다.

정의 1.5.1 (연결된 부분집합) 복소 평면 위의 집합 A 에 대하여 아래 다섯 가지 조건

(1) U, V 는 A의 열린 부분집합이다.

(2) $A = U \cup V$.

(3) $U \cap V = \varnothing$.

(4) $U \neq \varnothing$.

(5) $V \neq \varnothing$.

를 모두 만족시키는 부분집합 U, V 가 존재하면, 집합 A 는 **끊어진 집합** (disconnected set) 이라고 부른다. 한편, 끊어지지 않은 집합을 **연결된 집합** (connected set)이라고 정의한다.

유용한 정리 하나를 소개한다.

정리 1.5.1 아래 두 조건은 논리적으로 동등하다.

(1) 집합 $A \subset \mathbb{C}$ 는 연결된 집합이다.

(2) 집합 B가 A의 부분집합으로서 A 안에서 열린 집합임과 동시에 닫힌 집합이라면, $B = \varnothing$ 또는 $B = A$가 성립한다.

증명. (1) $\Rightarrow$ (2): $B \subset A$가 성립하고, A 안에서 열린 집합임과 동시에 닫힌 집합이라고 하자. 그리고 $B \neq \varnothing$ 이며 $B \neq A$ 라고 가정하자. 그러면 $A \setminus B$는 공집합이 아니고, B가 닫힌 집합이기 때문에, $A \setminus B$는 열린 집합이다. 이제 $U = B$ 그리고 $V = A \setminus B$로 두면 이들 U, V는 열린 집합이 된다. 그리고, 이 두 집합이 A 가 끊긴 집합인 경우를 정의하는 성질 다섯 가지를 모두 만족하는 열린 집합의 예가 된다. 따라서 A는 끊긴 집합이고, 이것은 모순이다.

(2) ⇒ (1): A가 끊긴 집합이라고 가정하자. 그러면 위의 정의에서 다섯 가지 성질을 모두 만족하는 두 열린 집합 U, V가 존재하게 된다. 이제 $B = U$라 두면 이는 열린 집합이다. 또한 $A \setminus V = U = B$가 성립하기에 B는 닫힌 집합이다. U, V 중 어느 것도 공집합이 아니므로 B는 공집합일 수도 없고 A 전체가 될 수도 없다. 이는 (2)에 모순이다.

이로써 증명이 완결되었다. □

이 정리와 증명의 응용으로, 자주 쓰이게 될 아래 정리와 증명을 소개한다.

정리 1.5.2 만약 U 가 복소 평면 안에 있는 영역이라면, 임의의 두 점 $p, q \in U$에 대하여 p로부터 q까지 x축 또는 y축과 평행한 선분 유한 개로 이루어진 곡선으로 연결할 수 있다.

증명. 영역 U 안에 있는 점 p를 임의로 택한다. 점 p로부터 시작되고, 좌표축(즉, x축 또는 y축)과 평행하고 U에 포함되는 선분 유한 개로 이루어진 곡선의 집합을 Q라 두자.[5] 이제 Q에 속한 곡선의 끝점이 되는 점들로 이루어진 집합을 W라고 표시하자. 이렇게 선택한 W는 물론 U의 부분집합이다.

우선 $p \in W$는 당연하므로 $W \neq \varnothing$를 얻는다. 이제 $a \in W$를 임의로 택하자. U가 열린 집합이므로 $D(a, r) \subset U$를 만족시

[5] Q는 곡선들의 집합인데, 점 p에서 시작하고 끝점은 제한이 없지만 곡선 자체가 영역 U 안에 있어야 한다. 한편, 곡선이란 닫힌 구간 $[a, b]$에서 정의된 연속함수를 말하므로 일반적으로 부드럽게 구부러질 필요가 없고 심지어 직선분일 수도 있다. 여기서 선분은 끝점을 모두 포함하는 것만 생각하는데, 한 점도 선분으로 본다.

키게 하는 양수 $r > 0$이 존재한다. 그러면 어떤 점 $z \in D(a,r)$을 택하여도 a로부터 z까지 원반 $D(a,r)$ 안에서 좌표축과 평행한 선분 2 개로 연결할 수 있다. 그리고 p 로부터 a 까지 연결하는 Q에 속한 곡선에 조금 전에 언급한 곡선을 붙인 새 곡선도 Q에 속하고 끝점은 z가 된다. 따라서 $z \in W$. 점 $z \in D(a,r)$가 임의로 선택되었으므로, 이로부터 $D(a,r) \subset W$를 얻는다. 그러므로 W는 열린 집합이다.

이제 $Y = U \setminus W$ 를 생각하자. 그리고 Y 가 공집합이 아니라고 가정하자. 그러면 점 $b \in Y$ 가 존재한다. 그러면 U가 열린 집합이기 때문에 $D(b,s) \subset U$를 만족시키게 하는 실수 $s > 0$가 존재하게 된다. 이제 $c \in D(b,s)$를 임의로 택한다. 그러면 역시 c 로부터 b까지 연결해 주는 좌표축과 평행한 선분 2개로 구성된 곡선이 원반 $D(b,s)$ 안에 존재하게 된다. 이제 $D(b,s) \subset Y$를 보이려 한다.

만약 $D(b,s) \not\subset Y$ 라면 $D(b,s) \cap W \neq \varnothing$ 이고, 어떤 점 $e \in D(b,s) \cap W$가 있게 된다. 그러면 e는 Q에 속하는 곡선의 끝점이다. 이 곡선에 e에서 b까지 $D(b,s)$ 안에서 2개의 선분으로 연결할 수 있게 되는데, $D(b,s) \subset U$이므로 이렇게 연장한 곡선은 당연히 Q에 속하고, 끝점은 b이다. 따라서 $b \in W$를 얻는데, 이것은 b의 선택에 모순이다. 따라서 $D(b,s) \subset Y$ 를 얻었다. 결론적으로 Y 도 열린 집합임이 증명되었다.

이제까지 얻은 결론을 종합하면,

- $U = W \cup (U \setminus W)$
- $W \cap (U \setminus W) = \varnothing$

- W 와 $U \setminus W$ 둘 다 열린 집합.
- $W \neq \varnothing$.

그런데 U 가 연결된 집합이므로 ('영역' 이니까) 이로부터 $(U \setminus W) = \varnothing$ 라는 결론을 얻게 된다. 즉 $U \subset W$ (원래 $W \subset U$ 이었으므로 사실 $U = W$) 가 성립하고, 이로써 정리의 증명이 완결되었다. □

이로부터 여러 결과가 따라온다. 연습문제로 몇 개만 붙인다.

연습 문제

문제 1.5.1 영역 U 위에 정의된 온함수 $F: U \to \mathbb{C}$의 복소 도함수 F' 가 0함수이면 F가 상수함수임을 증명하여라.

[귀띔: 실수함수 $u(x, y)$의 1계 편미분이 모두 0이라는 것과 정리 1.5.2 과 실변수함수의 평균값정리를 사용하여 보아라. 영역 U 의 연결성이 중요한 요소임을 확인하여라.]

문제 1.5.2 영역 위에 정의된 온함수 f 의 복소 원시함수는 상수차를 제외하고는 유일하게 결정됨을 증명하여라. 이 증명에서는 복소 원시함수가 온함수이어야 한다는 제한 조건이 원시함수의 정의에 들어 있다는 점이 중요하다. 만약 이 제한 조건이 없다면 어떤 문제점이 발생하는지 토의해 보아라.

2

복소 해석함수의 기초 II

2.1 선적분

2.1.1 복소 함수와 선적분

복소 평면에 그려지는 곡선은 연속함수 $\gamma\colon [a,b] \to \mathbb{C}$ 를 말한다. 이 함수의 정의구역은 닫힌 구간 (closed interval)

$$[a,b] := \{x \in \mathbb{R}\colon a \leq x \leq b\}$$

이다. 곡선 γ를 매개변수를 사용한 방정식으로 표현하면

$$z(t) = x(t) + iy(t), \ (a \leq t \leq b)$$

의 모양을 갖추게 된다. 이 책에서는 "곡선이 미분가능하다." 라는 표현을 자주 쓰게 될 텐데, 위와 같이 닫힌 구간 위에 정의된 함수가 미분가능하다고 하면, 미적분학의 미분이 항상 열린 집합 위에서 정의되었던 부분과 마찰이 생긴다. 따라서 이 책에서 **닫힌 구간 $[a,b]$에서 정의된 함수가 미분가능하다**고 할 때에는 항상,

> **주어진 정의구역인 닫힌 구간을 포함하는 적절한 열린 구간에 그 함수가 이미 정의되어 있었을 뿐만 아니라 또한 그 열린 구간의 모든 점에서 미분가능하다.**

라는 뜻으로 이해하기로 한다.

이제 함수 $f\colon U \to \mathbb{C}$ 가 주어졌을 때 곡선 $\gamma\colon [a,b] \to U$ 에 대한 함수 f 의 **복소 선적분** (complex line integral)

$$\int_\gamma f(z)dz$$

를 정의하려고 한다. 함수 $f(z)$를 실수부와 허수부로 분해하여 기호

$$f(z) = u(x,y) + iv(x,y)$$

로 쓰자. 그러면

$$dz = \gamma'(t)dt = (x'(t) + iy'(t))dz$$

로 생각하고 위의 식을 풀어 써서 허수 단위 i를 상수 취급하며 이제까지 실수와 실변수 함수에 대한 통상적인 계산 형식을 따르면

$$\begin{aligned}
&\int_\gamma f(z)dz \\
&\quad = \int_a^b [u(x(t),y(t)) + iv(x(t),y(t))](x'(t) + iy'(t))dt \\
&\quad = \int_a^b [u(x(t),y(t))x'(t) - v(x(t),y(t))y'(t)]dt \\
&\qquad\quad + i\int_a^b [u(x(t),y(t))y'(t) + v(x(t),y(t))x'(t)]dt
\end{aligned}$$

를 얻게 된다. 이것이 이제까지 복소수와 복소 함수에 대한 연산 과정, 즉, 허수 단위 i를 $i^2 = -1$이라는 성질 외에는 마치 실수처럼 여기고 사칙연산을 하는 과정과 잘 어울리며, 게다가

셋째 식은 실수부분과 허수부분이 각각 미적분학에서 다루는 적분의 일종이어서 이미 잘 정의되어 있다. 따라서 복소 함수의 첫 줄의 표현은 복소 선적분, 다시 말하자면, 단순히 **선적분**(line integral)이라고 부르는 개념을 표현하는 식이고, **이를 세 번째 식의 표현으로 정의한다**.

내친 김에 비슷하지만 다른 선적분

$$\begin{aligned}\int_\gamma f(z)d\bar{z} &:= \int_a^b [u(x(t),y(t)) + iv(x(t),y(t))](x'(t) - iy'(t))dt \\ &:= \int_a^b [u(x(t),y(t))x'(t) + v(x(t),y(t))y'(t)]dt \\ &\quad + i\int_a^b [u(x(t),y(t))y'(t) - v(x(t),y(t))x'(t)]dt,\end{aligned}$$

그리고

$$\begin{aligned}\int_\gamma f(z)|dz| &:= \int_a^b [u(x(t),y(t)) + iv(x(t),y(t))]|x'(t) + iy'(t)|dt \\ &:= \int_a^b u(x(t),y(t))\sqrt{(x'(t))^2 + (y'(t))^2}dt \\ &\quad + i\int_a^b v(x(t),y(t))\sqrt{(x'(t))^2 + (y'(t))^2}dt\end{aligned}$$

도 각각 마지막 식의 표현을 이용하여 정의해 둔다.

2.1.2 꺾인 C^1 곡선 위에 정의된 선적분

복소 평면 위에 정의되는 **꺾인 C^1 곡선** (piecewise C^1 curve) 이라는 개념은 매우 자주 쓰이므로, 이 시점에서 정의를 분명히 해 둘 필요가 있다. 이를 위해 먼저 단조 증가하는 유한수열

$$a = a_0 < a_2 < a_3 < \ldots < a_{n-1} < a_n = b$$

로 주어지는 **분할** (partition) 이라는 개념을 소개한다.

> **정의 2.1.1 (꺾인 C^1 곡선)** 복소 평면의 열린 부분집합 U 안의 곡선 (즉, 연속함수) $\alpha\colon [a,b] \to \mathbb{C}$ 에 대하여 닫힌 구간 $[a,b]$의 분할 $a = a_0 < a_2 < a_3 < \ldots < a_{n-1} < a_n = b$ 가 존재하고, 임의의 $k \in \{1, \ldots, n-1\}$ 에 대하여 함수 α를 구간 $[a_k, a_{k+1}]$에 국한시켜 얻은 함수 $\alpha|_{[a_k,a_{k+1}]}\colon [a_k, a_{k+1}] \to U$ 가 각각 C^1 급 (또는 C^1 급), 즉, 한 번 미분가능하고 도함수가 연속함수이면, 곡선 α를 U 안에 있는 **꺾인 C^1 곡선** (piecewise C^1 curve) 이라고 부른다.

기호 $\alpha_k = \alpha|_{[a_k,a_{k+1}]}$ 를 써서 꺾인 C^1 곡선 α 를 따른 선적분은

$$\int_\alpha f(z)dz := \int_{\alpha_1} f(z)dz + \cdots + \int_{\alpha_{n-1}} f(z)dz$$

로 이해하기로 하고, 이를 **꺾인 C^1 곡선 α를 따라 정의된 함수 $f\colon U \to \mathbb{C}$의 선적분**으로 부르기로 한다. 마지막 식의 우변을

가끔은

$$\int_{\alpha} f(z)dz = \int_{\alpha_1+\ldots+\alpha_{n-1}} f(z)dz$$

로 쓰기도 한다.

연습 문제

문제 2.1.1 곡선 α가 매개변수 방정식 $z(t) = t + it^2, (1 \le t \le 2)$ 으로 주어졌다고 하자. 선적분 $\int_{\alpha} z\, dz$ 의 값을 구하여라.

문제 2.1.2 매개변수 방정식 $z(t) = \sin t + i\cos t, (-\pi \le t \le \pi)$로 주어진 곡선 β 에 대하여,

(a) 선적분 $\int_{\beta} |dz|$ 의 값을 구하여라.

(b) 선적분 $\int_{\beta} 3z\, d\bar{z}$의 값을 구하여라.

(c) 선적분 $\int_{\beta} \left(z - \frac{3}{z} + \frac{4}{z^2}\right) dz$ 의 값을 구하여라.

2.2 선적분과 연관된 개념과 기술

2.2.1 곡선의 진행방향과 선적분

C^1 곡선 $\alpha\colon [a,b] \to \mathbb{C}$ 은 닫힌 구간

$$[a,b] = \{t \in \mathbb{R} \colon a \le t \le b\}$$

를 정의구역으로 하는 함수이므로 매개변수 t가 증가하는 방향을 따라 곡선 위의 점이 변화하는데, 그 변화하는 방향은 복소수 $\alpha'(t)$를 평면 벡터로 이해했을 때 그 벡터의 방향과 같다. 이런 관점에서 우리는 복소수 $\alpha'(t)$를 곡선 α의 **접벡터** (tangent vector) 라 부른다.[1] 이렇게 소개되는 곡선의 **진행방향**을 영어로는 곡선의 sense 라고 부르기도 한다.[2]

2.2.2 영역의 방향성과 경계 곡선의 진행방향

전통적으로 복소 평면은 3차원 실수 유클리드 공간의 부분집합인 xy 평면으로 여기고, 이 평면을 벗어나는 방향인 제3의 실수 축은 보통 z 축으로 (이것은 기호가 혼동시키는 바와 달리, 복소수 축이 아니다!) 표시하는데 , z 값이 양수인 방향을 복소 평면의 윗쪽으로 삼고 이 방향을 가리키는 벡터 $(0,0,1)$ 방향을 기준으로 오른

[1] 변수 t의 특정한 값에 대응되는 접벡터 $\alpha'(t)$는 복소수이고, 이를 벡터로 생각할 때에는 원점을 시작점으로, 복소수 $\alpha'(t)$를 끝점으로 보는 것이 옳다. 그러나 곡선을 곧 점의 운동으로 보는 고전역학적인 관점에서는 시작점이 곡선 위의 점 $\alpha(t)$가 되도록 이 벡터 $\alpha'(t)$를 평행이동하여 생각하는 것이 일반적이다.

[2] 정확히 말하자면, 곡선(운동) α 위의 점 $\alpha(t_0)$에서의 진행 방향은 단위벡터 $\alpha'(t_0)/|\alpha'(t_0)|$ 이다.

나사가 회전하는 방향을 소위 **반시계 방향** (counterclockwise orientation) 이라고 부르며 이를 복소 평면의 표준 방향성으로 정하였다.[3]

이렇게 정하고 나면, 꺾인 C^1 단순 폐곡선 α 로 둘러싸인 영역의 경계는 물론 곡선 α 이다. 이제 α의 **반시계 (진행)방향성** (counterclockwise orientation) 을 정하는 방법을 설명하려고 한다.

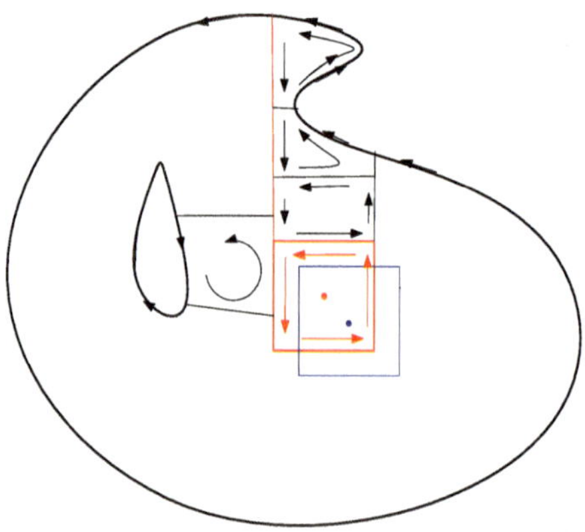

그림 2.1: 반시계 방향성 정하는 법

먼저 영역 안의 한 점을 설정하고 이 점을 중심으로하며 영역에 포함되는 열린 원반을 그린다. 그런 다음 이 원반 안에 포함되며 원의 중심점을 포함하는 사각형을 그린다. 이 사각형의 경계에 반시계 방향 센스를 준다. 사각형의 변을 연장하여 폐곡선

[3]반대 쪽 방향을 표준으로 정하여도 수학적으로 문제될 것은 없다. 이론 전개를 위한 선택의 문제일 뿐이다. 이 책은 본문에서 소개한 전통을 따른다.

α 를 만나게 한다. 연장선이 폐곡선의 매끄러운 점을 만나되 그 점에서 폐곡선의 접선 벡터와 같은 방향이 되지 않게 하는 것이 중요하다. 우선 α의 꺾인 점이 유한개이므로 사각형의 변의 길이를 충분히 작게 하면 연장선이 꺾인 점을 피하게 된다.

연장선이 매끄러운 점을 만나면, 이제 사각형을 조금 움직여 연장선이 폐곡선을 만나는 점의 접선 벡터와 다른 방향이 되게 할 수 있다.[4] 이렇게 만들어진 긴 테이프와 같은 영역을 사각형들로 적절히 나누어 각 사각형의 방향성을 반시계 방향으로 정하면 α 의 일부를 포함하는 사변형—α 의 일부는 직선분이 아니지만 미분가능하기 때문에 거의 직선분에 가깝다—의 진행방향이 결정된다. 이제 이 방향을 따라 α 의 다른 모든 점에서도 방향이 결정된다. 이것이 α 의 반시계 진행방향이다. 말로 설명하기에는 좀 복잡한 느낌을 주지만 실제로는 깔끔하고 직관적인 방법이다. 이 방법을 포함하여, 꺾인 C^1 곡선으로 둘러싸인 유계 영역을 사변형들로 나누는 방법은 선적분에 대한 그린 정리(Green's theorem)의 저자인 George Green 교수가 사용한 방법이기도 하다. 이 방법을 우리는 **그린의 영역 나누기 방법** (Green's subdivision method) 이라고 부르기로 하겠다.

2.2.3 역방향 곡선과 선적분

영역 U에 그려지는 C^1급 곡선 $\alpha\colon [a,b] \to U$의 진행 방향을 반대로 하는 곡선 β를 정의해 보자. $t \in [a,b]$마다 곡선 α 위의 점

---

[4]설명은 매우 직관적이지만, 사실은 위상수학의 **일반 위치** (general position) 개념과 방법론을 써서 정확히 논증할 수 있다. 지금은 그냥 받아들이기로 하자.

$\alpha(t)$ 가 대응되는 대응관계는 시간 t에 따른 '운동 (motion)' 을 표현한다. 그러므로 지금의 목표를 성취하기 위해서는 $\alpha(a)$에서 출발하여 $\alpha(b)$까지 도착하는 곡선의 진행 방향을 거꾸로 하여 곡선 α의 궤적을 (거꾸로!) 따라가서, $\beta(a) = \alpha(b)$와 $\beta(b) = \alpha(a)$가 성립하도록 하면 되겠다. 수식으로는

$$\beta(t) := \alpha(a - t + b), \quad (a \leq t \leq b) \tag{2.1}$$

로 두면 적절하다.[5]

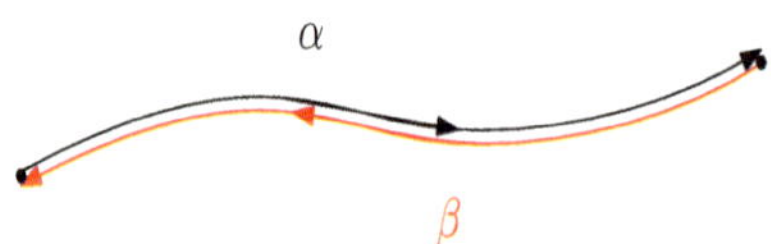

그림 2.2: 역방향 곡선

그러면 이 경우 발생하는 현상은

$$\begin{aligned}\int_\beta f(z)dz &= \int_a^b f(\beta(t))\beta'(t)dt \\ &= \int_a^b f(\alpha(a-t+b))\frac{d}{dt}(\alpha(a-t+b))dt \\ &= -\int_a^b f(\alpha(a-t+b))\alpha'(a-t+b))dt\end{aligned}$$

가 되는 것을 알 수 있다. 계속해서, $s = a - t + b$로 적분변수를

[5]가능한 방법은 많지만 변수를 바꾸는 방법이 지금의 공부 대상인 선적분의 결과에 미치는 영향을 고려하면 이 정도로 충분하다.

치환하면,

$$
\begin{aligned}
-\int_a^b f(\alpha(a-t+b))\alpha'(a-t+b))dt \\
&= -\int_b^a f(\alpha(s))\alpha'(s)(-ds) \\
&= \int_b^a f(\alpha(s))\alpha'(s)ds \\
&= -\int_a^b f(\alpha(s))\alpha'(s)ds \\
&= -\int_\alpha f(z)dz
\end{aligned}
$$

를 얻는다. 따라서 곡선의 진행 방향을 반대로 바꾸면 선적분의 값이 절대값은 변하지 않고 부호만 변한다는 점을 확인하게 되었다.

2.2.4 $|dz|$ 선적분과 "ML 계측"

꺾인 C^1 급 곡선 $\alpha\colon [a,b] \to \mathbb{C}$ 에 대하여 이 곡선의 매개변수 방정식을 $z(t) = x(t) + iy(t)$ 로 쓰면

$$
\begin{aligned}
\int_\alpha |dz| &= \int_a^b |\alpha'(t)|dt \\
&= \int_a^b \sqrt{x'(t)^2 + y'(t)^2}dt
\end{aligned}
$$

가 되어, 이 적분값은 사실 곡선 α 의 길이가 된다. 이 값을 $L(\alpha)$ 로 표시하기로 하자.

이제 곡선 α 를 포함하는 영역 $U \subset \mathbb{C}$ 위에 정의된 연속함수

$f: U \to \mathbb{C}$가 적당한 상수 $M > 0$에 대해 조건

$$|f(\alpha(t))| \le M, \forall t \in [a,b]$$

를 만족한다고 하자. 그러면

$$\Big|\int_\alpha f(z)dz\Big| \le ML(\alpha) \tag{2.2}$$

가 성립한다. 이유는 아래와 같다.

$$\begin{aligned}\Big|\int_\alpha f(z)dz\Big| &\le \int_\alpha |f(z)||dz| \\ &\le \int_\alpha M|dz| \\ &= ML(\alpha)\end{aligned}$$

이 계산이 옳음을 밝히는 것은 연습문제로 돌린다. 이 결과는 학생들에 의해 "ML 부등식" 혹은 "ML 계측(estimate)" 이라는 애칭이 붙었다. 이 책에서도 이 '애칭' 을 쓰도록 하겠다.

2.3 포텐셜함수 정리

우선 함수의 매끄러운 정도 (등급, 또는 급)에 관한 용어를 정리하기로 하자.

정의 2.3.1 xy 평면의 열린 부분집합 U 위에 정의된 함수 $u(x, y)$가 미분가능하면 **함수 u가 C' 급**, 또는 **C' 수준**이라고 부른다. 더 나아가서, 편도함수 $\frac{\partial u}{\partial x}, \frac{\partial u}{\partial y}$ 들이 모두 연속함수인 경우에는 **함수 u가 C^1 급**이라고 말한다.[a] 계속해서, 제 k계 이하의 모든 편도함수가 존재하고 연속인 경우에는 이 함수를 **C^k 급**이라고 부르며, 어떤 자연수 k를 택하더라도 C^k 급을 유지하는 함수들은 **C^∞ 급**이라고 부른다.

[a]영어로는 'The function u is of class C'.' 후자의 경우에는 'The function u is of class C^1.' 이라고 쓴다. 여기에 쓴 '급'은 영어 'class'의 번역이다.

포텐셜함수 정리와 증명을 소개하기 전에 도움정리와 증명을 먼저 소개한다.[6]

도움정리 2.3.1 (Greene·김강태) **집합** $Q = \{(x, y) \in \mathbb{R}^2 : a_1 \le x \le a_2, b_1 \le y \le b_2\}$**를 포함하는** $\mathbb{R}^2$ **안에 있는 영역** U **위에 정의된 두 함수** $p, q : U \to \mathbb{R}$ **가 모든 1계 편미분을 가지는** C' **급 함수들이고, 또 방정식** $-\dfrac{\partial p}{\partial y} + \dfrac{\partial q}{\partial x} = 0$ **를 만족시키면, 반시계 방향성을 지닌 사각형** Q**의 경계** ∂Q

[6]R. E. Greene과 김강태가 2020년 경에 발견하고 여러 강연에서 소개하였으나, 문서로 발표하는 것은 여기가 처음이다.

를 따라 정의된 선적분이 조건

$$\int_{\partial Q} p(x,y)dx + q(x,y)dy = 0$$

를 만족시킨다.

증명. 결론을 부정하여

$$0 < A := \Big| \int_{\partial Q} p(x,y)dx + q(x,y)dy \Big|$$

라고 가정하자. 이제 4각형 Q를 마주보는 변들의 중점을 잇는 선분을 사용하여 4등분하고 이렇게 얻은 작은 사각형의 경계에 반시계 방향성을 주어 얻은 곡선을 따라 선적분을 시행한다. 이 선적분들의 절대값을 각각 취하여 얻는 4개의 값 중 적어도 하나는 $A/4$ 이상이어야 한다. 이 적분을 시행했던 작은 4각형 영역과 경계의 합집합을 Q_1 이라고 쓰고 경계 곡선은 Γ_1 이라고 두자.

서술의 편의를 위해 잠정적으로, 주어진 곡선 α의 길이를 기호 $L(\alpha)$로 표현하기로 하고 이 기호를 증명 내내 사용하도록 하겠다. 그러면

$$L(\Gamma_1) = \frac{1}{2}L(\partial Q)$$

를 얻으며, 선적분에 관하여는

$$\Big| \int_{\Gamma_1} pdx + qdy \Big| \geq \frac{A}{4}$$

가 성립한다. 다시 Γ_1로 둘러싸인 4각형 영역을 4등분하여 작은 사각형 4개를 만들고, 각각의 경계에 반시계 방향성을 준다. 그

중 하나를 Γ_2 라고 표시하고

$$L(\Gamma_2) = \frac{1}{2}L(\Gamma_1) = \frac{1}{2^2}L(\partial Q)$$
$$\frac{A}{4^2} \le \left|\int_{\Gamma_2} pdx + qdy\right|$$

를 모두 만족시키게 할 수 있다. 계속해서 같은 방법으로, 이 과정을 n 번 되풀이하면

$$L(\Gamma_n) = \frac{1}{2}L(\Gamma_{n-1}) = \frac{1}{2^n}L(\partial Q)$$
$$\frac{A}{4^n} \le \left|\int_{\Gamma_n} pdx + qdy\right|$$

를 얻게 된다. 물론 n 각각에 대하여 Γ_n 으로 둘러싸인 닫힌 사각형 영역 Q_n 도 얻으며, 포함 관계

$$Q \supset Q_1 \supset \cdots \supset Q_n \supset Q_{n+1} \supset \cdots$$

도 얻는다.

Γ_n 의 변의 크기가 0으로 수렴하므로 $\bigcap_{n=1}^{\infty} Q_n$ 은 정확히 한 점으로 이루어진 집합이다.[7] 이 점을 z_0 라 두고 이 값의 실수부와 허수부를 분리하여 $z_0 = x_0 + iy_0 = (x_0, y_0)$ 로 쓰자.

---

[7]정사각형과 내부로 이루어진 집합은 닫힌 집합인데, 이 경우처럼 $\cdots \supset Q_n \supset Q_{n+1} \supset \cdots$ 라는 성질을 가지는 경우에는 $\bigcap_{n=1}^{\infty} Q_n$ 이 공집합이 될 수 없다. 위상수학에서 말하는 둥지 집합열 성질 (Nested set-sequence property) 이라는 것이다. 지금 이 경우에는 위의 무한 공통부분 집합이 두 점 이상을 포함할 수 없는데, 그 이유는 독자 스스로 생각해 보도록 하자.

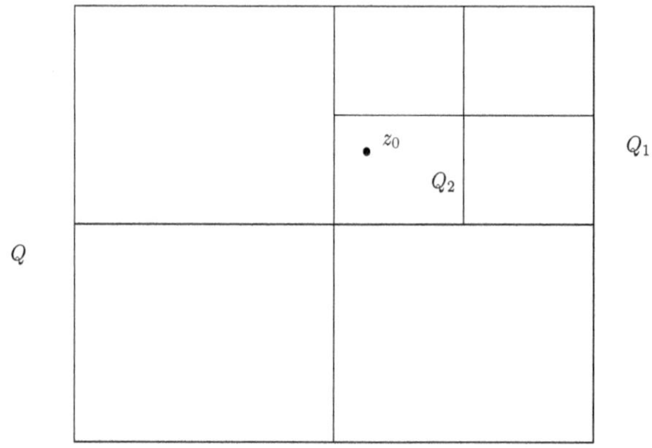

이제 임의의 양수 ϵ을 택하자. 그러면, 두 함수 p, q 가 z_0 에서 C' 급이므로, 적절한 양수 δ 가 존재하여 $D(z_0, \delta)$ 위에 있는 임의의 점 (x, y)에 대하여

$$\begin{aligned} p(x,y) &= p(x_0,y_0) \\ &\quad + p_x(x_0,y_0)\cdot(x-x_0) + p_y(x_0,y_0)\cdot(y-y_0) + E_1 \\ q(x,y) &= q(x_0,y_0) \\ &\quad + q_x(x_0,y_0)\cdot(x-x_0) + q_y(x_0,y_0)\cdot(y-y_0) + E_2 \end{aligned}$$

와,

$$\begin{aligned} |E_1| &\le \epsilon L(\Gamma_n) \\ |E_2| &\le \epsilon L(\Gamma_n) \end{aligned}$$

가 성립하게 할 수 있다.

그리고 $Q_n \subset D(z_0, \delta), \forall n \ge N$ 가 성립하게 해 주는 자연수

N이 존재한다.

이제 편의를 위해 $p_x = \dfrac{\partial p}{\partial x}, \ldots$ 등의 간략한 기호를 쓰기로 하겠다. 그러면 그린의 정리 (Green's theorem)에 의해

$$\begin{aligned}
&\int_{\Gamma_n} \Big((p(x_0, y_0) + p_x(x_0, y_0)(x - x_0) + p_y(x_0, y_0)(y - y_0)) dx \\
&\quad + (q(x_0, y_0) + q_x(x_0, y_0)(x - x_0) + q_y(x_0, y_0)(y - y_0)) dy \Big) \\
&\quad = \iint_{Q_n} (- p_y(x_0, y_0) + q_x(x_0, y_0)) dx\, dy \\
&\quad = \iint_{Q_n} 0\, dx\, dy \\
&\quad = 0
\end{aligned}$$

가 성립하므로,

$$\begin{aligned}
\frac{A}{4^n} &\le \Big| \int_{\Gamma_n} p dx + q dy \Big| \\
&\le \Big| \int_{\Gamma_n} E_1 dx + E_2 dy \Big| \\
&\le \Big| \int_{\Gamma_n} \epsilon L(\Gamma_n) |dx| + \epsilon L(\Gamma_n) |dy| \Big| \\
&\le 2\epsilon L(\Gamma_n) \cdot L(\Gamma_n)
\end{aligned}$$

를 얻는다. $L(\Gamma_n) = 2^{-n} L(\partial Q)$ 이므로

$$A \le 2L(\partial Q)^2 \epsilon.$$

도 얻는다. 이 결과가 임의의 양수 ϵ에 대하여 성립하여야 하는데, A가 양의 상수이므로 이것은 불가능하다. 따라서 도움정리의

증명이 완결되었다.[8] [9] □

정리 2.3.2 (포텐셜함수 정리) **실수 평면 안에 있는 반지름이 양수** r **이고 중심이 점** (a,b)**에 있는 원반** $D((a,b),r)$ **위에 정의되고** C' **급의 실변수함수** $p,q\colon D((a,b),r)\to\mathbb{R}$**가 조건**

$$\frac{\partial p}{\partial y}=\frac{\partial q}{\partial x} \tag{2.3}$$

를 만족하면, 연립 방정식

$$\begin{cases}\frac{\partial f}{\partial x}=p & \cdots\text{(a)}\\ \frac{\partial f}{\partial y}=q & \cdots\text{(b)}\end{cases} \tag{2.4}$$

를 만족하는 함수 $f\colon D((a,b),r)\to\mathbb{R}$**가 존재한다.**

증명. 도움정리 2.3.1 에 의해 α가 원반 $D((a,b),r)$ 안에 포함된 꺾인 C^1 급 폐곡선이고 p,q가 가정의 조건을 만족하는 변수 x,y에 관한 C' 급의 함수인 경우에는

$$\int_\alpha p(x,y)dx+q(x,y)dy=0$$

[8]이 증명의 중심 아이디어는 복소함수론의 역사적인 성취 중 하나인 구르사 정리 (Goursat's Theorem)의 증명 방법의 중심 생각과 매우 비슷하다. 그러나 복소 온함수의 특성이 없이도 필요한 조건을 만족하는 실수함수의 선적분에도 같은 아이디어가 성립한다는 점을 보여주는 부분이 새롭다.

[9]얼핏 보면 그린 정리(Green's Theorem)를 쓰면 이렇게 길고 난삽한 증명을 하지 않고도 원하는 결론을 바로 얻을 것이라고 생각하기 쉽다. 하지만, 그린 정리는 미적분학의 기본정리에 의존하고, 미적분학의 기본정리는 피적분 함수의 원시함수가 C^1 급이어야 성립하기 때문에, 이 정리의 증명에 처음부터 적용되어 바로 결론을 낼 수 없다. 증명 후반부에 그린 정리는 1차 함수에 적용하였으므로 아무 문제가 없다.

가 성립한다. 따라서 이 원반 안에 있는 점 $z_0 = (x_0, y_0)$를 시작점으로 하고 점 $z_1 = (x_1, y_1)$를 끝점으로 하는 꺾인 C^1 급 곡선들인 α_1, α_2에 대해서는

$$\int_{\alpha_1} p(x,y)dx + q(x,y)dy = \int_{\alpha_2} p(x,y)dx + q(x,y)dy$$

가 항상 성립하게 된다. 그래서 점 $z = (x, y)$ 에만 의존하는 표현

$$f(z) := \int_{z_0}^{z} p(x,y)dx + q(x,y)dy$$

를 통해 함수 $f\colon D(a,r) \to \mathbb{R}$ 를 얻게 된다. 이제 점 (x, y)를 잠시 고정하고 곡선 $\beta(t) = (x + \epsilon t, y)$ 를 따라 $f(x + \epsilon t, y)$ 를 생각하면, $dx = \epsilon dt$ 가 성립하므로

$$\begin{aligned} f(x+\epsilon, y) - f(x,y) & \\ &= \int_{(x,y)}^{(x+\epsilon,y)} pdx + qdy \\ &= \epsilon \int_0^1 p(x+\epsilon t, y)dt \end{aligned}$$

를 얻고, 비슷한 방법으로

$$f(x, y+\epsilon) - f(x,y) = \epsilon \int_0^1 q(x, y+\epsilon t)dt$$

도 얻는다. 이번에는 $s = \epsilon t$로 두면

$$\begin{aligned}\frac{1}{\epsilon}&[f(x+\epsilon,y)-f(x,y)] \\ &= \int_0^1 p(x+\epsilon t,y)dt \\ &= \frac{1}{\epsilon}\Big(\int_0^\epsilon p(x+s,y)ds - \int_0^0 p(x+s,y)ds\Big)\end{aligned}$$

를 얻게 되고, 이제 ϵ을 0으로 수렴시키면

$$\frac{\partial f}{\partial x} = p$$

를 얻는다. 같은 방법으로 $\dfrac{\partial f}{\partial y} = q$도 얻게 되어 정리의 증명이 완결된다. □

이 논증 방법은 잘 알려져 있다. 하지만 독자에게 생소할 수 있고, 아래 논증이 보다 익숙할 수 있다. 잠시 검토해 보기로 하자.

미적분학 교과서의 논증. 식 (a)로부터 함수

$$h(x,y) := f(x,y) - \int_a^x p(t,y)dt$$

는, 점 (a,b)를 중심으로 하고 반지름이 r인 원반 $D((a,b),r)$ 위의 모든 점에서, 방정식 $\dfrac{\partial h}{\partial x} = 0$를 만족시킨다. 따라서 $h(x,y)$는 변수 x에 무관하고 변수 y 에만 의존하는 함수이다. 즉

$$f(x,y) = \int_a^x p(t,y)dt + h(y) \tag{2.5}$$

가 성립한다. 이제 함수 h를 찾으면 증명이 끝날 것이다.

이 함수를 변수 y로 편미분하고 식 (b)를 사용하면,

$$\begin{aligned} q(x,y) &= \frac{\partial f}{\partial y} \\ &= \frac{\partial}{\partial y}\int_a^x p(t,y)dt + h'(y) \\ &= \int_a^x \frac{\partial p}{\partial y}\bigg|_{(t,y)} dt + h'(y) \end{aligned}$$

를 얻는다. 그런데 조건 (2.3)로부터

$$\begin{aligned} &\frac{\partial}{\partial x}\Big(q(x,y) - \int_a^x \frac{\partial p}{\partial y}\bigg|_{(t,y)} dt\Big) \\ &\quad = \frac{\partial p}{\partial y}\bigg|_{(x,y)} - \frac{\partial p}{\partial y}\bigg|_{x,y)} \\ &\quad = 0 \end{aligned}$$

가 확인되므로 $h(y)$ 가 일변수 함수의 부정적분인

$$h(y) = \int_b^y \Big(q(x,s) - \int_a^x \frac{\partial p}{\partial y}\bigg|_{(t,s)} dt\Big)ds$$

로 얻어진다. 이 결과를 (2.5)에 대입하면

$$\begin{aligned} f(x,y) = &\int_a^x p(t,y)dt \\ &+ \int_b^y \Big(q(x,s) - \int_a^x \frac{\partial p}{\partial y}\bigg|_{(t,s)} dt\Big)ds \end{aligned}$$

를 얻으므로 증명이 끝난다...!? ◇

이런 쉬운(?) 증명이 있는데, 왜 첫 번째 증명이 필요한 것일까? 그 이유는 이 "쉬운 논증"에 부족함이 있기 때문이다. 이 논증이 성립하려면 함수 p, q가 C^1 급이라고 하는 가정, 즉, 포텐셜함수 정리의 가정, 즉 C' 조건보다 더 강한 제한이 필요하다는 점이 쉽게 확인되기에, 어떤 복소함수론 교과서에는 애초부터 온함수의 정의에 C^1 조건을 포함시키기도 한다. 하지만 그것 역시 바람직한 이론 전개라고 하기에는 손색이 있다.[10]

[10]실제로 C^1 조건이 다 필요하지는 않다. 정확히 어느 정도의 조건을 p, q에 가정해야 하는지에 대한 연구가 함수론에 정통한 수학자들에 의해 정립되어 있다.

2.4 복소 원시함수와 코시 소멸정리

정의 2.4.1 복소 평면 위의 열린 집합 U 위에 정의된 온함수 $f: U \to \mathbb{C}$에 대하여 조건 $F'(z) = f(z), \forall z \in U$ 를 만족시키는 온함수 $F: U \to \mathbb{C}$가 존재하면, 이를 **온함수 f의 복소 원시함수** (complex primitive) 라고 정의한다.[a]

[a]미적분학의 경우처럼, 그냥 **원시함수** (primitive, anti-derivative) 라고 부르는 것도 보통이다. 그러나 복소함수론에서는 미적분학에서 사용하던 "부정적분" 이라는 용어는 잘 쓰지 않는다.

이제 아래 정리를 소개한다.

정리 2.4.1 (원시함수 정리) **열린 원반 $D(a, r)$에 정의된 온함수 $f: D(a, r) \to \mathbb{C}$ 가 주어지면, 이 함수는 반드시 복소 원시함수 $F: D(a, r) \to \mathbb{C}$를 가진다.**

증명. 온함수 f를 실수부와 허수부로 분해하여 $f(z) = u(x, y) + iv(x, y)$로 표시하자. 그리고 이 함수의 복소 원시함수가 될 함수를 실수부와 허수부로 분해해서 $F(z) = \alpha(x, y) + i\beta(x, y)$ 로 쓰기로 하자. 그러면 우리는 두 실함수 α, β가 코시·리만 방정식, 즉

$$\begin{cases} \frac{\partial \alpha}{\partial x} = \frac{\partial \beta}{\partial y} \\ \frac{\partial \alpha}{\partial y} = -\frac{\partial \beta}{\partial x} \end{cases} \tag{2.6}$$

를 만족하며, 또 $F' = f$일 조건과 논리적으로 동등한 관계식

$$\frac{\partial F}{\partial x} = f(z)$$

를 만족하도록 두 함수 α, β를 찾으려 한다.

바로 위 조건은 F의 코시 · 리만 방정식 (2.6)이 성립할 경우

$$\begin{cases} \frac{\partial \alpha}{\partial x} = u \\ \frac{\partial \alpha}{\partial y} = -v \end{cases} \tag{2.7}$$

와 같다. 그러므로 우리의 계획은, 우선 이 연립방정식의 근이 되는 α를 먼저 구하여 그 존재성을 보이고, 다음은 F가 코시 · 리만 방정식을 만족하도록 β를 구하려는 것이다. 이로써 증명이 완결될 것이기 때문이다.

f가 온함수이므로

$$\frac{\partial u}{\partial y} = \frac{\partial(-v)}{\partial x}$$

가 성립한다. 따라서 포텐셜함수 도움정리 (정리 2.3.2)에 의해 함수 $\alpha\colon D(a,r) \to \mathbb{R}$가 존재하고, 이 함수는 C^2 급, 즉 모든 2계 편도함수가 연속인 함수가 된다.

이제 β를 구성해 보자. 이 함수는 조건 (2.6)를 만족시키도록 찾으면 되는데, 그 조건은

$$\begin{cases} \frac{\partial \beta}{\partial x} = -\frac{\partial \alpha}{\partial y} = v \\ \frac{\partial \beta}{\partial y} = \frac{\partial \alpha}{\partial x} = u \end{cases} \tag{2.8}$$

이다. f가 온함수여서 코시·리만 조건에 의해 $\frac{\partial v}{\partial y} = \frac{\partial u}{\partial x}$가 성립하기 때문에 포텐셜함수 도움정리가 또 다시 적용되어 β가 존재하며 F가 코시·리만 방정식을 만족시키게 된다. 따라서 F가 온함수가 되며, $F' = f$도 쉽게 확인된다. 이로서 증명이

완결되었다. □

2.4.1 원시함수 응용정리

정리 2.4.2 (원시함수 응용정리) 영역 U 위에 정의된 온함수 $f\colon U \to \mathbb{C}$가 원시함수 $F\colon U \to \mathbb{C}$를 가지면, 임의의 꺾인 C^1 곡선 $\alpha\colon [a,b] \to U$에 대하여

$$\int_\alpha f(z)dz = F(\alpha(b)) - F(\alpha(a))$$

가 성립한다.

증명. 곡선 α 역시 실수부와 허수부를 분리하여 $\alpha(t) = x(t) + iy(t)$ 로 쓰고, 이 꺾인 곡선 α를 구성하는 C^1 곡선 $\alpha_1, \ldots, \alpha_k$ 들을 생각한다. 만약 α_k 각각에 대해 위 정리의 결론을 증명하게 되면, α에 대한 결론은 적분값을 각각 구해 더하는 단순한 과정에 의해 바로 따라오므로, α 자신이 C^1이라고 가정하고 증명을 진행하는 것으로 충분하다.

이제 온함수 f, F를 실수부와 허수부로 분해하여 각각

$$f(z) = u(x,y) + iv(x,y)$$
$$F(z) = U(x,y) + iV(x,y)$$

로 표시하자. 그러면 $F' = f$와 코시·리만 방정식으로부터

$$\frac{\partial U}{\partial x} = u = \frac{\partial V}{\partial y}$$
$$\frac{\partial V}{\partial x} = v = -\frac{\partial U}{\partial y}$$

도 얻는다. 이제

$$\begin{aligned}
\int_\alpha f(z)dz &= \int_\alpha F'(z)dz \\
&= \int_a^b \Big[\frac{\partial U}{\partial x}x'(t) - \frac{\partial V}{\partial x}y'(t)\Big]dt \\
&\quad + i\int_a^b \Big[\frac{\partial U}{\partial x}y'(t) - \frac{\partial V}{\partial x}x'(t)\Big]dt \\
&= \int_a^b \Big[\frac{\partial U}{\partial x}x'(t) + \frac{\partial U}{\partial y}y'(t)\Big]dt \\
&\quad + i\int_a^b \Big[\frac{\partial V}{\partial y}y'(t) + \frac{\partial V}{\partial x}x'(t)\Big]dt \\
&= \int_a^b \frac{dU(x(t),y(t))}{dt}dt + i\int_a^b \frac{dV(x(t)y(t))}{dt}dt \\
&= [U(x(b),y(b)) - U(x(a),y(a))] \\
&\quad + i[V(x(b),y(b)) - V(x(a),y(a))] \\
&= F(\alpha(b)) - F(\alpha(a))
\end{aligned}$$

를 얻으므로 증명이 완결되었다. □

2.4.2 마실: 단순 연결 개념

앞절의 원시함수 응용정리는 정리의 서술, 결론의 형태 및 증명 모두가 미적분학의 기본정리 (Fundamental Theorem of Calculus) 에 큰 영향을 받고 있다. 그러나 정리를 보다 일반적인 영역으로 확장하려면, 영역이 어떤 조건을 만족할 때 그 영역에 정의되는 온함수가 온함수인 원시함수를 가지게 되는지에 대해서 조사할 필요가 있다. 다행히 이 점에 대해서 이미 충분한 연구가 이루어져 있으므로 그 내용을 일부 소개하려고 한다.

정의 2.4.2 복소 평면 위의 영역 U에 대하여, 그 위에 정의된 임의의 온함수가 복소 원시함수를 가지면, 이 영역을 **해석적으로 단순연결 되어 있다** (holomorphically simply-connected)고 정의하고, 기호로 $\mathfrak{h}_1(U) = 0$ 라고 쓴다.

정의 2.4.3 복소 평면 위의 영역 U과 점 $p \in U$ 가 주어졌다고 하자. 조건 $\alpha(0) = p = \alpha(1)$을 만족하는 곡선 $\alpha\colon [0,1] \to U$ 가 주어질 때마다, 아래 조건

(1) $A(0,s) = p = A(1,s), \forall s \in [0,1]$.

(2) $A(t,0) = \alpha(t), \forall t \in [0,1]$.

(3) $A(t,1) = p, \forall t \in [0,1]$.

를 만족하는 연속함수 $A\colon [0,1] \times [0,1] \to U$ 가 존재하면, 점 p를 포함하는 영역 (domain pointed at p) U를 **위상수학적으로 단순연결되어 있다** (topologically simply-connected) 고 정의하고, 기호로는 $\pi_1(U,p) = 0$ 로 적는다.

아래 정리들이 알려져 있다.

도움정리 2.4.3 **영역** $U \subset \mathbb{C}$ **에 대하여,** $\pi_1(U,p) = 0$ **가 성립하면, 임의의 점** $q \in U$**에 대하여** $\pi_1(U,q) = 0$ **도 성립한다.**

정리 2.4.4 **영역** $U \subset \mathbb{C}$ **에 대하여** $\pi_1(U,p) = 0$ **가 성립하면 이 영역 위에서 포텐셜 함수 도움정리 (정리 2.3.2)가 항상 참이다.**

정리 2.4.5 **영역** $U \subset \mathbb{C}$ **에 대하여** $\pi_1(U,p) = 0$ **가 성립하면 이 영역 위에서** $\mathfrak{h}_1(U) = 0$ **도 성립한다.**

시작점과 끝점이 같은 곡선 즉, 조건 $\alpha(0) = \alpha(1)$를 만족하는 곡선 α를 **닫힌 곡선**, 또는 **폐곡선** (closed curve) 이라고 부른다. 또한 닫힌 곡선 $\alpha(t), (t \in [0,1])$, 가 열린 구간 $(0,1)$ 위에서 단사함수 (injective map)라는 조건을 만족하면, 즉, 시작점과 끝점을 제외하고는 곡선이 다시 자신을 만나는 일이 없는 경우에는 이런 곡선을 **단순 폐곡선** (simple closed curve)이라고 부른다. 이에 관하여 아래 정리가 알려져 있다.

정리 2.4.6 **(조르단 곡선 정리** Jordan curve theorem**)**
꺾인 C^1 **단순 폐곡선** $\alpha\colon [0,1] \to \mathbb{C}$**가 주어졌다고 하자. 그러면 이 곡선의 여집합** $\mathbb{C} \setminus \{\alpha(t)\colon 0 \le t \le 1\}$**은 정확히**

두 개의 연결된 열린 집합으로 분리되며, 곡선 α 의 자취는 두 집합 각각의 경계가 된다. 특히, 두 집합 중 유계인 집합을 곡선 α 의 "내부 영역"이라고 부르는데, 이 영역은 위상적으로 단순연결되어 있다.

보충 2.4.1 원반 $D(p, r)$은 단순연결되어 있다. 증명은, 임의로 주어진 폐곡선 $\alpha\colon [0,1] \to D(a,r)$ 에 대해 $A(t,s) := (1-s)\alpha(t) + sp$ 를 사용하면 쉽게 구성할 수 있다. 굳이 조르단 곡선정리를 쓸 필요도 없다. 같은 방법으로 사각형 영역이나 복소평면도 각각 단순연결되어 있음을 증명할 수 있다.

이 정리들은 위상수학의 정리들인데, 이를 이용하는 것이 이 책의 이론 전개에 편리하다. 도움정리 2.4.3은 정리 1.5.2를 사용하여 증명한다. 증명은 여기에 소개하지 아니한다.[11]

2.4.3 코시 소멸정리

이제까지 다룬 결과를 요약하자.

정리 2.4.7 (원시함수 정리) **단순연결된 영역 U 위에 정의된 온함수 f는 항상 원시함수를 가진다. 뿐만 아니라, 이 원시함수를 F로 표시하면, 임의의 꺾인 C^1 곡선 $\alpha\colon [a,b] \to$**

[11]J. L. Kelley, General Topology (Springer), 또는 다른 위상수학 서적을 참조하기 바란다.

U에 대하여

$$\int_{\alpha} f(z)dz = F(\alpha(b)) - F(\alpha(a))$$

가 성립한다.

그리고, 이제 복소함수론의 선구자 A.-L. Cauchy의 정리를 소개한다.

정리 2.4.8 (코시 소멸정리) 단순연결 영역 $U \subset \mathbb{C}$ 위에 정의된 f가 온함수이면, 임의의 꺾인 C^1 폐곡선 $\alpha\colon [a,b] \to U$에 대하여

$$\int_{\alpha} f(z)dz = 0$$

가 성립한다.

이 정리의 증명은 원시함수 도움정리에 의해 바로 따라나오므로 단순해 보일 수도 있지만 여러 중요한 파급효과를 이끌어낸다. 차근차근 배워 보기로 하자.

따름정리 2.4.9 (경로 무관성; Path-independence) 단순연결 영역 $U \subset \mathbb{C}$와 온함수 $f\colon U \to \mathbb{C}$가 주어졌다고 하자. 임의로 주어진 점 $p, q \in U$에 대하여, 두 개의 꺾인 C^1 곡선 $\alpha, \beta\colon [0,1] \to U$ 들이 시작점과 끝점을 공유하면, 즉, 조건 $\alpha(0) = p = \beta(0), \alpha(1) = q = \beta(1)$를 만족하는 경우에는, 관계식

$$\int_{\alpha} f(z)dz = \int_{\beta} f(z)dz$$

가 성립한다.

증명. 폐곡선

$$\gamma(t) := \begin{cases} \alpha(2t), & (0 \le t \le \frac{1}{2}) \\ \beta(2t-1), & (\frac{1}{2} \le t \le 1) \end{cases}$$

와 코시 소멸정리를 사용하면 증명이 바로 따라온다. 상세한 증명을 구성하는 것은 연습문제로 돌린다. □

연습 문제

문제 2.4.1 정의 2.4.3의 함수 A가 등장한 것을 두고, 곡선 α를 연속적으로 변형하여 한 점으로 줄인다고 말한다. 이를 수학적으로, 그리고 또 그림으로 설명하여 보아라.

문제 2.4.2 영역 U의 온함수가 정리 2.4.9 결론을 항상 만족시키는 경우에는 이 영역 내의 두 점 a, b를 연결하는 꺾인 C^1 경로(곡선)에 무관하게 선적분의 값이 일정하므로 (물론 끝점에 의존하지만) 이 경우 온함수 f의 선적분을 기호 $\int_a^b f(z)dz$ 처럼 쓰기도 한다. 그렇다면

$$F(w) = \int_a^w f(z)dz$$

가 정의되는데, $F\colon U \to \mathbb{C}$ 가 온함수이고 $F' = f$를 만족함을 증명하여라.

[귀띔: F를 뉴턴 분수를 사용해서 분석해 보자.]

2.5 코시 적분공식 정리

2.5.1 코시 적분공식 정리 I

정리 2.5.1 (코시 적분공식 정리I) 복소 평면 안에 있는 반시계 방향으로 진행하는 꺾인 C^1 단순 폐곡선 α가 주어졌다고 하자. 곡선 α의 내부 영역을 V라고 표시하고, 곡선과 내부 영역을 모두 포함하는 열린 집합 U 위에서 정의되는 온함수 f에 대하여 임의의 점 $z \in V$에 대하여 등식

$$f(z) = \frac{1}{2\pi i}\int_\alpha \frac{f(\zeta)}{\zeta - z}d\zeta \tag{2.9}$$

가 성립한다.

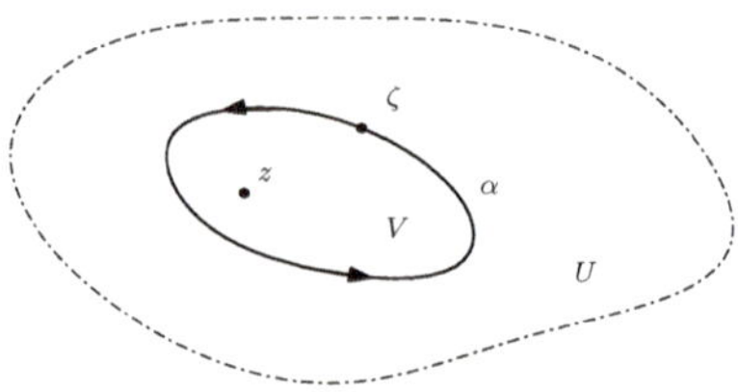

증명. 앞의 마디 2.2.2에서 설명했던 "그린 (Sir George Green)의 영역 나누기 방법"과 "코시 소멸정리" 그리고 "역방향 곡선에 대한 선적분의 값에 대한 토의" 등이 적용되도록 V 안에 포함되는 충분히 작은 사각형 곡선 및 내부 영역을 택하고, 각각 기호 ∂Q와 Q로 표현하고 경계 ∂Q는 반시계 방향성을 가지는 것으로 이해하되, 특히 사각형의 내부 영역 Q에 점 z가 포함되게

하면

$$\int_\alpha \frac{f(\zeta)}{\zeta - z}d\zeta = \int_{\partial Q} \frac{f(\zeta)}{\zeta - z}d\zeta$$

가 성립한다. 이제 사각형 영역 Q에 점 z를 중심으로 하고 반지름이 $r > 0$인 원 γ를 생각하면 반시계 진행방향을 가지는 매개변수방정식은 $z(t) = z + re^{it}, (0 \le t \le 2\pi)$가 되고, 등식

$$\int_{\partial Q} \frac{f(\zeta)}{\zeta - z}d\zeta = \int_\gamma \frac{f(\zeta)}{\zeta - z}d\zeta$$

도 성립한다. 그러면

$$\int_\gamma \frac{f(\zeta)}{\zeta - z}d\zeta = \int_\gamma \Big(\frac{f(\zeta) - f(z)}{\zeta - z} + \frac{f(z)}{\zeta - z}\Big)d\zeta$$

를 얻고 또, 계산에 의해

$$\begin{aligned}\int_\gamma \frac{f(z)}{\zeta - z}d\zeta &= f(z)\int_\gamma \frac{1}{\zeta - z}d\zeta \\ &= f(z)\int_0^{2\pi} \frac{z'(t)}{z(t) - z}dt \\ &= f(z)\int_0^{2\pi} \frac{ire^{it}}{re^{it}}dt \\ &= 2\pi i f(z)\end{aligned}$$

도 얻는다.

이제 임의의 양수 ϵ이 주어졌다고 하자. 그러면 f의 복소미분가능성에 의해, 충분히 작은 $r_0 > 0$을 택하여 r이 조건

$0 < r < r_0$를 만족하기만 하면 부등식

$$\left|\frac{f(z+re^{it})-f(z)}{(z+re^{it})-z} - f'(z)\right| < \epsilon$$

가 성립하게 할 수 있다. 따라서

$$\begin{aligned}
&\left|\int_\gamma \frac{f(\zeta)}{\zeta - z}d\zeta - 2\pi i f(z)\right| \\
&\qquad = \left|\int_\gamma \frac{f(\zeta)-f(z)}{\zeta - z}d\zeta\right| \\
&\qquad \le \int_\gamma \left|\frac{f(\zeta)-f(z)}{\zeta - z}\right||d\zeta| \\
&\qquad = \int_0^{2\pi} \epsilon\, dt \\
&\qquad = 2\pi\epsilon
\end{aligned}$$

를 얻는다. 이제까지의 논의를 종합하면

$$\left|f(z) - \frac{1}{2\pi i}\int_\alpha \frac{f(\zeta)}{\zeta - z}d\zeta\right| < \epsilon$$

를 얻는다. 한편, 좌변이 r, r_0 등과 무관하므로, 위 부등식이 임의의 양수 ϵ에 대해 성립하게 되고, 결론적으로

$$f(z) = \frac{1}{2\pi i}\int_\alpha \frac{f(\zeta)}{\zeta - z}d\zeta$$

를 얻는다. 이로써 증명이 완결되었다. □

2.5.2 코시 변환 (Cauchy transform)

복소평면 안에 있는 꺾인 C^1 단순 폐곡선 $\alpha\colon [a,b] \to \mathbb{C}$로 둘러싸인 내부 영역을 V라고 표시하자. 그러면 앞에서 언급한 바와 같이 영역 V의 경계가 $\partial V = \{\alpha(t)\colon t \in [a,b]\}$로 주어진다. 이제 연속함수 $f\colon \partial V \to \mathbb{C}$에 대하여

$$\tilde{f}(z) = \frac{1}{2\pi i}\int_\alpha \frac{f(\zeta)}{\zeta - z}d\zeta$$

를 생각하자. 그러면 이 함수 $\tilde{f}\colon V \to \mathbb{C}$는, 미적분학의 **적분기호 아래 미분** (Differentiation under integral sign) 방법론에 의하여

$$\begin{aligned}\frac{\partial \tilde{f}}{\partial \bar{z}}\Big|_z &= \frac{1}{2\pi i}\int_\alpha \frac{\partial}{\partial \bar{z}}\Big(\frac{f(\zeta)}{\zeta - z}\Big)d\zeta \\ &= \frac{1}{2\pi i}\int_\alpha f(\zeta)\frac{\partial}{\partial \bar{z}}\Big(\frac{1}{\zeta - z}\Big)d\zeta \\ &= 0\end{aligned}$$

를 만족시키게 되는데, 그 이유는 적분변수 ζ가 ∂V 위에서 움직이고 있어서 V의 점을 만나지 않고, 따라서 $(\zeta - z)^{-1}$ 가 z의 함수로서 온함수가 되기 때문이다. 물론, $\tilde{f}$가 C^1 급이라는 사실도 "적분기호 아래 미분 방법"에 [12] 의해 당연히 따라나온다. 그러므로 $\tilde{f}\colon V \to \mathbb{C}$는 온함수이다.

이렇게 연속함수 $f\colon \partial V \to \mathbb{C}$가 주어지기만 하면, 위의 과

[12] 이 부분에 관해서는 아래에 한 마디를 따로 마련하여 그곳으로 "마실"을 다녀올 예정이다.

정을 통해 온함수 $\tilde{f}: V \to \mathbb{C}$가 얻어져서, 연속함수 f를 온함수 $\tilde{f}$로 변환시킬 수 있게 되었다. 이를 **코시 변환** (Cauchy transform)이라고 부른다. 즉

$$[C_\alpha(f)](z) := \frac{1}{2\pi i}\int_\alpha \frac{f(\zeta)}{\zeta - z}d\zeta$$

가 f의 코시 변환이고 이 대응관계 $f \to C_\alpha(f)$는 경계를 이루는 곡선 위에 정의된 연속함수를 경계 곡선의 내부 영역 위에 정의된 온함수에 대응시키는 선형 변환이다.

만일 곡선 α가 반시계 진행방향을 가지고 있고, 함수 f가 $V \cup \partial V$를 포함하는 영역 U 위에 정의된 온함수였다면 코시 적분공식 정리I (정리 2.5.1)에 의하여

$$[C_\alpha(f)](z) = f(z), \forall z \in V$$

가 성립한다. 그리고 아래 따름정리도 얻는다.

따름정리 2.5.2 **영역 U 위에 정의된 연속함수 $f: U \to \mathbb{C}$가 주어졌다고 하자. 만약 U에 포함되는 임의의 닫힌 원반 $E(p, r) := \{\zeta \in \mathbb{C}: |\zeta - p| \leq r\}$ 와 반시계 진행방향을 가지는 경계 곡선 $\gamma: z(t) = p + re^{it}, (0 \leq t \leq 2\pi)$ 에 대하여 관계식**

$$f(z) = \frac{1}{2\pi i}\int_\gamma \frac{f(\zeta)}{\zeta - z}d\zeta, \forall z \in D(p, r)$$

가 성립하면 $f: U \to \mathbb{C}$는 온함수이다.

2.5.3 마실: 적분 기호 아래 미분 방법론

여러 상황에서 유용한 **적분 기호 아래 미분 방법론** (Differentiation under the integral sign) 은 미적분학의 정리이지만 지금 여기에서 확인하고 보다 잘 이해해 두는 편이 좋을 것 같다.

정리 2.5.3 xy **평면 위에 정의된 함수** $g(x,y)$**가 연속함수라 하고, 또 편도함수** $\dfrac{\partial g}{\partial y}$ **가 존재하며 연속함수라고 가정하자. 그러면**

$$\frac{\partial}{\partial y}\int_a^b g(x,y)dx = \int_a^b \frac{\partial g(x,y)}{\partial y}dx$$

가 성립한다.

증명. 지금 $a < b$라고 가정하자. 그래도 증명이 일반성을 잃지 아니한다.

이제, 증명해야 할 등식의 양변을 각각 살펴 보자. 미분의 정의에 의하여

$$\begin{aligned}\text{좌변} &= \lim_{h\to 0}\frac{1}{h}\Big(\int_a^b g(x,y+h)dx - \int_a^b g(x,y)dx\Big)\\ &= \lim_{h\to 0}\int_a^b \frac{g(x,y+h)-g(x,y)}{h}dx\end{aligned}$$

라는 것은 바로 나온다. 여기에 1변수 실함수에 대한 평균값

정리를 적용하면

$$\frac{g(x,y+h)-g(x,y)}{h} = \left.\frac{\partial g}{\partial y}\right|_{(x,y+u(x,y,h))}$$

와 조건

$$|u(x,y,h)| < |h|$$

를 만족하는 $u(x,y,h)$ 가 존재한다는 사실을 알게 된다. 따라서

$$\begin{aligned}&\left|\lim_{h\to 0}\int_a^b \frac{g(x,y+h)-g(x,y)}{h}dx - \int_a^b \frac{\partial g(x,y)}{\partial y}dx\right| \\ &= \lim_{h\to 0}\int_a^b \left|\frac{g(x,y+h)-g(x,y)}{h} - \frac{\partial g(x,y)}{\partial y}\right| dx \\ &\le \lim_{h\to 0}\int_a^b \left|\left.\frac{\partial g}{\partial y}\right|_{(x,y+u(x,y,h))} - \left.\frac{\partial g}{\partial y}\right|_{(x,y)}\right| dx\end{aligned}$$

를 얻는다.

한편 가정에 의해, 편도함수 $\dfrac{\partial g(x,y)}{\partial y}$ 가 범위 $a \le y \le b$ 에서 연속함수이므로 이 함수는 고르게 연속인 함수 (uniformly continuous function) 이다. 따라서 임의의 양수 ϵ을 택하면 $\delta > 0$ 가 존재하여 닫힌 구간 $[a,b]$ 안의 두 점 y_1, y_2 가 조건 $|y_1 - y_2| < \delta$ 를 만족하기만 하면

$$\left|\left.\frac{\partial g}{\partial y}\right|_{(x,y_1)} - \left.\frac{\partial g}{\partial y}\right|_{(x,y_2)}\right| < \epsilon$$

가 성립하게 된다. 위의 $|h| < \delta$ 가 성립하게 제한하면 이로부터

$$\lim_{h\to 0}\int_a^b \left|\left.\frac{\partial g}{\partial y}\right|_{(x,y+u(x,y,h))} - \frac{\partial g(x,y)}{\partial y}\right| dx = 0$$

를 얻게 되는데, 삼각부등식으로부터

$$\begin{aligned}\Big|\int_a^b \frac{\partial g}{\partial y}\Big|_{(x,y+u(x,y,h))} dx - \frac{\partial g(x,y)}{\partial y} dx\Big| \\ \leq \int_a^b \Big|\frac{\partial g}{\partial y}\Big|_{(x,y+u(x,y,h))} - \frac{\partial g(x,y)}{\partial y}\Big| dx\end{aligned}$$

를 얻으므로, 원하던 증명이 완결된다. □

이번 마실은 여기에서 마치고 다시 원래 이론 전개로 돌아간다.

2.5.4 코시 적분 정리 II

정리 2.5.1에 소개된 등식 (2.9)에 "적분 기호 아래 미분 방법론" (정리 2.5.3) 을 적용하면 아래의 정리를 얻는다. 코시 적분정리의 따름정리이지만 결과가 보다 일반적인 경우를 설명하므로 별도의 정리로 소개한다.

정리 2.5.4 (코시 적분공식 II) **반시계 진행 방향을 가진, 꺾인 C^1급 단순 폐곡선 α이 복소 평면 위에 주어졌다고 하자. 이 곡선으로 둘러싸인 영역 V과 그 경계 곡선을 포함하는 영역 위에서 정의된 온함수 f가 주어지면, 임의의 $z \in V$에 대하여 등식**

$$\frac{\partial^n f}{\partial z^n}\Big|_z = \frac{n!}{2\pi i}\int_\alpha \frac{f(\zeta)}{(\zeta - z)^{n+1}} d\zeta \qquad (2.10)$$

가 성립한다.

아래 결과도 얻는다.

정리 2.5.5 온함수는 얼마든지 여러 번 미분가능하다. 즉 C^∞ 급이다.

2.5.5 온함수의 평균값 원리

코시 적분정리는 온함수의 평균값 원리를 포함하고 있기도 하다.

정리 2.5.6 (평균값 원리) 열린 원반 $D(p, R)$ 위에 정의된 온함수 $f\colon D(p, R) \to \mathbb{C}$가 주어졌다고 하자. 그러면 조건 $0 \le r < R$을 만족하는 임의의 r에 대해

$$f(p) = \frac{1}{2\pi} \int_0^{2\pi} f(p + re^{it}) dt$$

가 성립한다.

증명. p에 중심을 두고 반지름이 r인 원에 반시계 방향성을 주는 매개변수 방정식 $\alpha_r(t) = p + re^{it}$ 을 이용하여 코시 적분공식을 다시 쓰면,

$$\begin{aligned} f(p) &= \frac{1}{2\pi i} \int_{\alpha_r} \frac{f(\zeta)}{\zeta - p} d\zeta \\ &= \frac{1}{2\pi i} \int_0^{2\pi} \frac{f(p + re^{it})}{re^{it}} ire^{it} dt \\ &= \frac{1}{2\pi} \int_0^{2\pi} f(p + re^{it}) dt \end{aligned}$$

를 얻는다. 이로써 증명이 완결된다. □

연습 문제

문제 2.5.1 (온함수의 평균값원리 II) 닫힌 원반 $E(p, r)$ 위에 정의된 온함수 (사실은 r 보다 큰 반지름을 가지는 열린 원반 위에 정의된 온함수) f에 대하여

$$f(p) = \frac{1}{\pi r^2} \iint_{D(p,r)} f(p + \rho e^{it}) \, \rho \, d\rho \, dt$$

가 성립한다. 이 사실을 증명하여라.

2.6 온함수의 멱급수 전개

2.6.1 코시 씨앗함수

코시 적분공식 (2.9)을 보면 적분으로 표현되는 우변의 식에 함수 f를 집어넣어 계산한 결과로 f 가 다시 얻어지는 형식을 갖추고 있다. 일반적인 적분 식과 다른 점은

$$\frac{1}{2\pi i}\frac{1}{\zeta - z}$$

라는 변수 ζ를 가지는 함수가 마치 적분 공식 속에 씨앗(kernel)처럼 자리를 잡고 있다는 사실이다. 이 함수를 잠정적으로 **코시 씨앗함수** (Cauchy kernel function) 라고 부르기로 하자.[13]

특히 지금 우리는, 곡선 α가 한 점 z_0를 중심으로 하는 반시계 방향으로 진행하는 원일 경우를 다루려 한다.

적분 변수 ζ가 표현하는 점은 항상 원 α 위에 있으므로 이 원의 내부에 있는 점 z 와 부등식

$$|z - z_0| < |\zeta - z_0| \tag{2.11}$$

를 만족한다. 그러면, 형식적인 계산에 의해 코시 씨앗함수를 멱급수로 전개할 수 있다. 무한 등비급수의 수렴성을 감안하여

[13] "kernel"은 보통 "핵(核)" 이라는 용어로 번역되어 사용되었다. 그러나 "nucleus"의 번역과 혼동되기에 수학 용어가 가진 원래의 의미를 살린 '씨앗'을 선택하였다.

아래와 같이

$$\begin{aligned}\frac{1}{\zeta - z} &= \frac{1}{(\zeta - z_0) - (z - z_0)} \\ &= \frac{1}{\zeta - z_0} \cdot \frac{1}{1 - \left(\frac{z - z_0}{\zeta - z_0}\right)} \\ &= \frac{1}{\zeta - z_0} \sum_{n=0}^{\infty} \frac{(z - z_0)^n}{(\zeta - z_0)^n} \\ &= \sum_{n=0}^{\infty} \frac{(z - z_0)^n}{(\zeta - z_0)^{n+1}}\end{aligned}$$

를 얻게 되는데, 이런 계산이 실제로 쓸모 있는 것일까? 확인하기 위해서는 다른 지식이 조금 필요하다. 이를 얻기 위한 마실을 다녀오려고 한다.

2.6.2 마실: 함수열의 점별 수렴과 고른 수렴

함수열 (sequence of functions)의 수렴에는 미묘한 차이를 보이는 여러 개념이 있다. 영역 U 위에 정의된 함수열 $\{f_k : U \to \mathbb{C} : k = 1, 2, \ldots\}$가 수렴한다는 뜻을 배워 보기로 하자.

정의 2.6.1 (점별 수렴) 함수열 $\{f_k : U \to \mathbb{C} : k = 1, 2, \ldots\}$가 어떤 함수 $\hat{f} : U \to \mathbb{C}$에 대하여 조건

$$\lim_{k \to \infty} f_k(z) = \hat{f}(z), \forall z \in U$$

를 만족하면, 함수열 $\{f_k\}$가 함수 $\hat{f}$ 로 **점별 수렴** (converges pointwise) 한다고 정의한다.

이 정의를 "ϵ-δ 표현법"으로 쓴다면,

"점 $z \in U$ 각각이 주어졌을 때, 임의의 $\epsilon > 0$에 대하여, 부등식

$$|f_k(z) - \hat{f}(z)| < \epsilon, \ \forall k > N$$

가 성립하게 하는 $N > 0$이 존재한다."

라고 하면 되겠다.

이제 더 강한 수렴성 조건인 고른 수렴 (uniform convergence) 개념의 정의를 소개한다.

정의 2.6.2 (고른 수렴) 함수열 $\{f_k : U \to \mathbb{C} : k = 1, 2, \ldots\}$과 함수 $\hat{f} : U \to \mathbb{C}$가 주어졌다고 하자. 이 때, 어떤 집합 $A \subset U$에 대하여 두 조건

(1) $k = 1, 2, \ldots$ 각각에 대해 부등 관계식 $[|f_k(z) - \hat{f}(z)| < C_k, \ \forall z \in A]$ 가 성립하게 하는 양수 C_k가 존재한다.

(2) $\lim\limits_{k \to \infty} C_k = 0$.

들이 모두 성립하면, "함수열 $\{f_k\}$가 함수 $\hat{f}$로 A 위에서 **고르게 수렴한다** (converges uniformly on A)." 라고 정의한다.

이 책에서는 함수열의 **고른 수렴** (uniform convergence) 개념과, 관련된 수렴 판정법 등을 자주 사용할 것이다. 연관된

필요한 지식과 논증 몇 가지를 지금 소개한다.

> **도움정리 2.6.1 집합 $A \subset \mathbb{C}$ 위에 정의된 함수열 $\{f_k : A \to \mathbb{C}\}$가 연속함수들로 구성되어 있고, 이 함수열이 함수 $\hat{f} : A \to \mathbb{C}$로 A위에서 고르게 수렴하면, $\hat{f}$도 연속함수이다.**

증명. 점 $z_0 \in A$이 주어졌다고 하고, 또 양수 ϵ이 임의로 주어졌을 때, 고른 수렴 조건에 의해 부등식 조건

$$|f_k(z) - \hat{f}(z)| < \frac{\epsilon}{3}, \forall z \in A$$

가 조건 $m \geq m_0$를 만족하는 모든 자연수 m에 대하여 성립하게 하는 자연수 m_0가 존재한다. 한편 $f_m : A \to \mathbb{C}$가 연속함수이므로 부등식 조건 $|z - z_0| < \delta$를 만족하는 임의의 $z \in A$에 대해서는 또 다른 부등식 조건 $|f_m(z) - f_m(z_0)| < \frac{\epsilon}{3}$가 성립하게 해 주는 양수 δ가 존재한다. 이를 종합하면,

$$\begin{aligned}
|\hat{f}(z) - \hat{f}(z_0)| & \\
&\leq |\hat{f}(z) - f_{m_0}(z)| + |f_{m_0}(z) - f_{m_0}(z_0)| \\
&\qquad + |f_{m_0}(z_0) - \hat{f}(z_0)| \\
&< \frac{\epsilon}{3} + \frac{\epsilon}{3} + \frac{\epsilon}{3} \\
&= \epsilon
\end{aligned}$$

가 조건 $|z - z_0| < \delta$을 만족하는 임의의 $z \in A$에 대해서 성립한다는 결론을 얻게 된다.

이 과정에서 얻어진 정보가 극한함수 $\hat{f}\colon A \to \mathbb{C}$가 연속임을 증명하는 데 충분하므로, 이것으로 증명이 완결된다. □

도움정리 2.6.2 C^1**급 곡선** $\alpha\colon [a,b] \to \mathbb{C}$**의 자취를 포함하는** U**의 부분집합을** A**라 하자. 만약 함수열** $\{f_k\colon A \to \mathbb{C}\}$**를 이루는 함수들이 모두 각각 연속함수이고, 또 이 함수열이 함수** $\hat{f}\colon A \to \mathbb{C}$**로** A**위에서 고르게 수렴하면,**

$$\lim_{k\to\infty} \int_\alpha f_k(z)dz = \int_\alpha \hat{f}(z)dz$$

가 성립한다.

증명. 양수 ϵ이 임의로 주어졌다고 하자. 곡선 α의 길이를 L이라 두자. 그러면 고른수렴의 정의에 의해 부등식 조건

$$|f_k(z) - \hat{f}(z)| < \frac{\epsilon}{L}, \quad \forall z \in A$$

가 조건 $m > m_0$를 만족하는 모든 자연수 m에 대하여 성립하게 해 주는 자연수 m_0 가 존재한다. 이 상황에서

$$\begin{aligned}\Big|\int_\alpha f_k(z)dz - &\int_\alpha \hat{f}(z)dz\Big| \\ &= \Big|\int_\alpha (f_k(z) - \hat{f}(z))dz\Big| \\ &\leq \Big|\int_\alpha |f_k(z) - \hat{f}(z)||dz|\Big| \\ &< \frac{\epsilon}{L}\Big|\int_\alpha |dz|\Big| \\ &= \epsilon\end{aligned}$$

를 얻는다. 이로부터 원하는 결론이 바로 도출되므로 증명이 완결된다. □

마실은 여기서 마치고 본론으로 돌아간다.

2.6.3 멱급수의 수렴 개념

급수 (power series)

$$S = \sum_{k=0}^{\infty} a_k (z - z_0)^k$$

라는 것은 실제로

$$S = \lim_{m \to \infty} \sum_{k=0}^{m} a_k (z - z_0)^k$$

를 의미하지만 아직은 기호에 불과하다. 덧셈이 두 개의 숫자 (지금은 복소수 값을 나타내는 두 개의 함수)를 더하는 연산이므로 결합법칙과 수학적 귀납법을 통해 유한개를 더할 수 있지만, 무한개의 항을 더하려면 극한이라는 또 다른 연산 개념을 적용해야 하는데, 이 극한에 관한 토의를 아직 거치지 않았기 때문이다.

극한을 취할 함수열을 구성하는 원소가 되는 함수 각각은

$$\begin{aligned} f_m(z) &= \sum_{k=0}^{m} a_k (z - z_0)^k \\ &= a_0 + a_1(z - z_0) + \cdots + a_m (z - z_0)^m \end{aligned}$$

로 정의되는 다항식 함수이고, 따라서 이 함수 f_m 은 복소 평면 전체에 정의된 온함수, 즉 완전함수이다.

그러나 이런 다항식함수들이 이루는 수열의 극한인 멱급수

$$S := \hat{f}(z) := \lim_{m\to\infty} f_m(z)$$

가 어떤 함수인지 충분히 잘 이해하려면 세심한 분석과 공부가 필요하다. 일반적으로 극한에 대한 분석의 결과가 수렴할 수도 있고, 발산하기도 하기 때문에, 멱급수 S 가 주어졌다면[14] 이것이 수렴하여 함수를 정의하는지, 정의되었다면 정의구역과 치역은 어떤 집합인지, 이 함수의 특징은 어떠한지 등등을 모두 명확히 알 수 있게 되기를 바라고, 이를 모두 밝히기 위한 이론을 개발할 필요가 있다.

지금의 과제는 그러므로 주어진 멱급수의 수렴 여부를 연구하는 것이며, 멱급수로 주어지는 함수에 대한 공부의 틀을 잡으려는 것이다. 이를 위해 기호부터 먼저 확인해 두기로 하자. 복소함수론의 전통을 따라

$$\sum_{k=0}^{\infty} a_k(z-z_0)^k := \lim_{m\to\infty}\sum_{k=0}^{m} a_k(z-z_0)^k$$

로 표현하고 위의 $f_m(z) = \sum\limits_{k=0}^{m} a_k(z-z_0)^k$ 는 **부분합**(partial sum)이라고 부르며, 보통 S_m 등의 기호를 사용하여 표현한다.

이와 같이 무한 멱급수를 사용하는 경우에 극한과 존재에

[14] 멱급수가 주어졌다는 말은 물론, 점 z_0 와 계수 $\{a_k : k = 1, 2, \ldots\}$ 및 부분합 등이 모두 주어졌다는 뜻이다.

관한 토의가 따라오는 것은 수학에서 매우 자연스럽다. 그러므로 복소함수론의 내용을 수학적으로 정밀하게 정리하고 배우기 위해 극한의 정의를 되짚어 보고 수렴과 극한에 대해 지금부터 정확하게 이해하고 정리하려고 한다.

2.6.4 극한의 정의, 엡실론-델타 방법

극한의 정의를 먼저 소개한다. 극한의 정의와 그에 관련된 정리와 이론의 운용에 익숙한 독자에게는 이 마디의 내용이 앞에서 보인 "마실" 정도가 될 것 같다.

> **정의 2.6.3 (점별 수렴)** 영역 $U \subset \mathbb{C}$ 위에 정의된 함수열 $f_k \colon U \to \mathbb{C}$ 에 대하여 무한급수 $\sum_{k=0}^{\infty} f_k(z)$ 가 이 영역 위의 **각 점별로 수렴** (converges pointwise)한다는 말은, 함수 $f \colon U \to \mathbb{C}$ 가 존재하되, 임의의 점 $z \in U$ 이 각각 주어질 때마다, 임의의 $\epsilon > 0$에 대하여 $m > m(\epsilon, z)$를 만족하는 임의의 자연수 m에 대해 부등식
>
> $$\left| f(z) - \sum_{k=0}^{m} f_k(z) \right| < \epsilon$$
>
> 가 성립하게 해 주는 자연수 $m(\epsilon, z)$가 존재한다는 뜻이다. [기호와 논리가 보여주는 바와 같이, 이 경우 자연수 $m(\epsilon, z)$의 값은 점 z와 양수 ϵ에 의존할 수 있다.]

이보다 더 좋은 수렴 조건을 만족하는 정의로서 함수 이론에서 중요한 역할을 하는 **고른 수렴** (uniform convergence) 개념을 소개하기로 하자.

정의 2.6.4 (고른 수렴) 영역 $U \subset \mathbb{C}$ 위에 정의된 함수열 $f_k: U \to \mathbb{C}$이 집합 $A \subset U$ 위에서 함수 $\hat{f}: A \to \mathbb{C}$로 **고르게 수렴한다** (converges uniformly on A)는 말은, 임의의 $\epsilon > 0$ 대하여 자연수 $m(\epsilon, A)$가 존재하여, $m > m(\epsilon, A)$을 만족하는 임의의 m에 대하여 부등식 조건

$$|f_m(z) - \hat{f}(z)| < \epsilon, \forall z \in A$$

가 성립하게 할 수 있다는 뜻이다.

멱급수의 경우에, "**부분합** $S_m(z) := \sum_{k=0}^{m} a_k(z - z_0)^k$ **들이 이루는 함수열이 어떤 함수** $F(z)$**로 집합** A**위에서 고르게 수렴한다.**" 라는 말은 논리적으로 아래와 같다.

임의의 $\epsilon > 0$에 대하여 양수 $m(\epsilon, A)$가 존재하여, 자연수 m이 조건 $m > m(\epsilon, A)$를 만족하기만 하면 부등식 조건

$$\Big|F(z) - S_m(z)\Big| < \epsilon, \forall z \in A$$

가 성립한다.

위에서 자연수 $m(\epsilon, A)$ 의 선택은 ϵ과 집합 A에 의존할 수 있지만 그 A 안의 점 z의 선택과는 무관하게 결정된다는 사실이 점별수렴의 경우와 다름을 새삼 강조해 둔다.

마실: 아르키메데스 공리, 공간의 완비성, 코시 판정법

이 책에서 전개하는 복소함수론은

> **아르키메데스 공리** (Archimedean Axiom). **임의로 주어진 양수** r**에 대하여 이 수를** m **번 거듭 더한 수** $\sum_{k=1}^{m} r$**가 1보다 커지게 하는 자연수** m**이 항상 존재한다.**

에 의존한다.[15] 실수의 집합에는 **최소상한** (least upper bound), **최대하한** (greatest lower bound) 등의 개념이 있는데, 실수 집합의 유계 부분집합마다 이 두 개념에 해당하는 수가 각각 유일하게 존재한다는 결과도 이 공리로부터 추론된다. 이제 우리의 이론 전개에 중요한 개념과 정리를 소개한다.

> **정의 2.6.5 (Cauchy 수열)** 복소수로 이루어진 수열 $\{\alpha_n\}$이 주어졌다고 하자. 만약, 임의의 양수 ϵ에 대하여, 조건 $k, \ell > N$ 을 만족시킬 때마다 부등식
>
> $$|\alpha_k - \alpha_\ell| < \epsilon$$
>
> 가 성립하게 하는 양수 N이 존재하면, 이 $\{\alpha_n\}$을 **코시 수열** (Cauchy sequence) 이라고 부른다.

정의만 보아서는 수열의 수렴 개념의 정의와 매우 비슷해 보인다. 실제로 수의 집합 안에서 수렴하는 수열은 모두 코시 수

[15] 당연한 듯이 보이지만 막상 증명하려면 쉽지 않을 것이다. 우리 복소함수론은 이를 인정하고 시작한다. 실은 미적분학이 아르키메데스 공리에 의존하고, 복소함수론은 미적분학에 의존한다.

열이다. 그러나 코시 수열이라 하여 항상 수렴하는 것은 아니다. 따라서 아래 정의와 정리가 의미를 가진다.

정의 2.6.6 실수 집합 $\mathbb{R}$의 부분집합 A가, 임의로 주어진 코시 수열 $\{a_n\} \subset A$ 모두 각각이 적절한 원소 $b \in A$로 수렴하는 성질을 가지면, 집합 A가 완비 (complete) 되었다, 또는 "**완비 공간이다**" 라고 말한다.

정리 2.6.3 실수의 집합 $\mathbb{R}$과 복소수의 집합 $\mathbb{C}$는 각각 완비 공간이다. 이들의 닫힌 부분집합도 모두 각각 완비 공간이다.

따름정리 2.6.4 복소수 집합 안에 있는 코시 수열은 모두 수렴한다.

이런 정리는 순전히 '이론을 위한 이론' 처럼 공허하게 보일 수 있을 것 같다는 생각이 드는데, 사실은 논증에 매우 도움이 된다. '엡실론·델타' 정의를 따라 주어진 수열의 수렴성을 증명하려면 수열의 극한이 되는 점을 미리 알아야(!) 하지만, 코시 수열임을 보이는 과정에는 그럴 필요가 없기 때문이다. 복소수로 이루어진 수열의 수렴성을 보이기 위해 코시 성질을 보이면 된다는 명제를 "코시 판정법 (Cauchy criterion)" 이라고 부르는 이유가 여기에 있다. 코시 판정법을 계산을 통해 적용할 수 있도록 수식으로 표현하면 아래와 같다.

정리 2.6.5 (코시 판정법 (Cauchy Criterion)) 복소수로 이루어진 수열 $\{\alpha_n\}$에 대하여, 이 수열이 수렴한다는 조건과 임의의 자연수 m에 대하여 아래 관계식

$$\lim_{k\to\infty} |\alpha_{m+k} - \alpha_k| = 0 \tag{2.12}$$

가 성립한다는 조건은 논리적으로 동등하다.

이를 멱급수에 적용하면 아래 결과가 나온다.

정리 2.6.6 (멱급수 수렴에 관한 코시 판정법) 복소 계수를 가지는 멱급수 $\sum_{n=0}^{\infty} a_n(z-z_0)^n$에 대하여, 이 멱급수열가 수렴한다는 조건과 임의의 자연수 m에 대하여 아래 관계식

$$\lim_{k\to\infty} \sum_{k}^{m+k} a_k(z-z_0) = 0 \tag{2.13}$$

가 성립한다는 조건은 논리적으로 동등하다.

이제 마실을 마치고 원래 이론 전개로 돌아간다.

2.6.5 바이에르슈트라스 M-판정법

위에 소개한 "엡실론-델타" 라는 애칭(?)으로 알려진 극한의 정의를 처음 정립한 수학자로 알려진 바이에르슈트라스[16] 의 정리(수많은 업적 중 하나!)를 소개한다.

---

[16]Karl Weierstrass (1815-1897), 독일.

정리 2.6.7 (바이에르슈트라스 M-판정법) 보다 일반적으로, 함수열 $f_k\colon U \to \mathbb{C}$에 의해 만들어진 무한합

$$S = \sum_{n=0}^{\infty} f_n(z)$$

가 주어졌을 때 각각의 n 값에 대해 $|f_n(z)| \le M_n,\ \forall z \in U$가 성립하게 하는 상수 M_n이 존재하고, 또 급수 $\sum\limits_{n=0}^{\infty} M_n$가 수렴하면, 무한급수 S가 U 위에서 고르게 수렴한다(converges uniformly).

증명. 양수 ϵ이 임의로 주어졌다고 하자. 그러면 급수 $\sum\limits_{n=0}^{\infty} M_n$이 수렴하기 때문에 임의의 자연수 p에 대한 부등식

$$\sum_{n=m}^{m+p} M_n < \frac{\epsilon}{2}$$

가 조건 $m > m_0$ 를 만족하기만 하면 반드시 성립하게 해 주는 자연수 m_0 가 존재하게 된다. 이로부터 임의로 선택된 $z \in U$ 에 대하여 $m > m_0$가 만족되기만 하면, 부분합 $S_m := \sum\limits_{n=0}^{m} f_n(z)$는 부등식 조건

$$\begin{aligned} |S_{m+p}(z) - S_m(z)| &= \Big| \sum_{n=m+1}^{m+p} f_n(z) \Big| \\ &\le \sum_{n=m+1}^{m+p} |f_n(z)| \le \sum_{n=m+1}^{m+p} M_n < \frac{\epsilon}{2} \end{aligned}$$

를 만족한다. 따라서 함수 $F(z) = \lim\limits_{p\to\infty} S_{m+p}(z) = \lim\limits_{q\to\infty} S_q(z)$

가 U 위에서 정의되며 이어서

$$|F(z) - S_m(z)| < \epsilon$$

도 성립한다. 이제 이 논증에서 양수 m_0의 선택이 ϵ에 의존할 뿐 $z \in U$의 선택에 의존하지 않으므로 고른 수렴의 증명이 완결된다. □

이 시점에서 바이에르슈트라스 M-판정법(Weierstrass M-test)은 무한 멱급수 뿐만 아니라 일반적인 함수열의 무한합에도 적용됨을 말해 두려고 한다.

2.6.6 수렴반경

멱급수의 수렴에 관하여는 더 상세한 결과가 있다.

정의 2.6.7 복소 계수를 가지는 멱급수 $\displaystyle\sum_{n=0}^{\infty} a_n(z-z_0)^n$ 이 주어졌다면,

$$R := \frac{1}{\limsup_{n\to\infty} \sqrt[n]{|a_n|}} \tag{2.14}$$

로 정의되는 R을 이 멱급수의 **수렴반경** (radius of convergence) 이라고 부르고 원반 영역 $D(z_0, R)$을 **수렴영역** (domain of convergence) 이라 부른다.

정리 2.6.8 (코시·아다마르 Cauchy-Hadamard) 복소계수와 복소 변수에 의해 정의된 멱급수 $\sum_{n=0}^{\infty} a_n(z-z_0)^n$ 는 수렴영역에 포함되는 임의의 닫힌 원반 $E(z_0, r)$ 위에서 고르게 수렴한다. 한 편, 조건 $z \notin E(z_0, R)$를 만족시키는 점 z 에서는 멱급수 $\sum_{n=0}^{\infty} a_n(z-z_0)^n$ 가 항상 발산한다.

증명. 원반의 반지름 R이 0인 경우에는 열린 원반 $D(z_0, 0)$이 공집합이므로, 원반 위의 점에서 멱급수가 수렴한다는 말은 참이다. 한 편, $R = +\infty$ 가 성립하는 경우에는 R을 어떤 양수값으로 대치하더라도 멱급수가 원반 $D(z_0, R)$의 임의의 점에서 수렴함을 증명하는 것으로 충분하므로, 이 논증에서 R이 유한한 양수라고 가정하여도 증명의 일반성을 잃지 아니한다.

먼저 $z \notin E(z_0, R)$ 인 경우에는 멱급수가 발산한다는 것을 증명해 보자. 이 경우에 $|z - z_0| > R$ 이 성립하고

$$R = \frac{1}{\limsup_{n\to\infty} \sqrt[n]{|a_n|}} \tag{2.15}$$

가 성립하므로 이로부터

$$1 < \limsup_{n\to\infty} \sqrt[n]{|a_n(z-z_0)^n|}$$

를 얻는다. 그러므로

$$t = \limsup_{n\to\infty} \sqrt[n]{|a_n(z-z_0)^n|}$$

라고 두면, $t > 1$가 성립해야 한다. 이제 $t_1 = \frac{t+1}{2}$ 이라 두면 $1 < t_1 < t$ 가 성립하고, 또 극한의 정의에 의해

$$\sqrt[n]{|a_n(z-z_0)^n|} > t_1$$

가 성립하게 하는 n이 무한히 많다는 사실을 알 수 있게 된다. 이 뜻은

$$|a_n(z-z_0)^n| > t_1 > 1$$

가 무한히 많은 n에 대해 성립한다는 조건을 포함한다. 따라서

$$\lim_{m\to\infty} a_m(z-z_0)^m \neq 0 \tag{2.16}$$

를 얻게 된다.

한 편, 만일 멱급수 $\sum_{n=0}^{\infty} a_n(z-z_0)^n$ 이 수렴한다면,

$$\begin{aligned}
&\lim_{m\to\infty} a_m(z-z_0)^m \\
&\qquad = \lim_{m\to\infty}\left(\sum_{n=0}^{m} a_n(z-z_0)^n - \sum_{n=0}^{m-1} a_n(z-z_0)^n\right) \\
&\qquad = \sum_{n=0}^{\infty} a_n(z-z_0)^n - \sum_{n=0}^{\infty} a_n(z-z_0)^n \\
&\qquad = 0
\end{aligned}$$

가 성립해야 하므로 (2.16)에 모순이 된다. 따라서 $\sum_{n=0}^{\infty} a_n(z-z_0)^n$ 은 발산한다는 결론에 도달한다.

이번에는 $z \in D(z_0, R)$를 분석하고 이해하려고 하는데, 구체적인 목표는 조건 $0 < r < R$을 만족하는 경우 $z \in E(z_0, r)$, 즉 조건 $|z - z_0| \leq r$을 만족하는 임의의 z에 대하여 급수 $\sum_{n=0}^{\infty} a_n(z-z_0)^n$ 의 수렴에 관하여 조사하려고 한다.

조건

$$|z - z_0| < R = \frac{1}{\limsup_{n\to\infty} \sqrt[n]{|a_n|}}$$

을 기억하며

$$t := \limsup_{n\to\infty} \sqrt[n]{|a_n r^n|}$$

라고 두자. 그러면 $t < 1$ 이 성립한다. 이제 $t_2 = \frac{1}{2} + \frac{t}{2}$ 로 두면 (앞의 t_1을 택할 때와 수식은 같지만 t의 값이 앞과 다르므로 t_2로 표현하였다!) $0 < t_2 < 1$ 가 성립하므로, 유한 개의 예외를 제외하고는

$$\sqrt[n]{|a_n(z - z_0)^n|} < t_2$$

가 모든 자연수 n에 대해 성립해야 하고, 따라서 적절한 $n_2 > 0$가 존재하여

$$|a_n(z - z_0)^n| < t_2^n, \forall n > n_2$$

가 성립해야 한다. 이제 $M_n = t_2^n$이라 두자. 그러면 급수 $\sum_{n=0}^{\infty} M_n$이 수렴한다.

뿐만 아니라, 임의의 자연수 m과 조건 $p > n_2$를 만족하는

임의의 자연수 p에 대하여

$$
\begin{aligned}
&\Big|\sum_{n=0}^{m+p} a_n(z-z_0)^n - \sum_{n=0}^{p} a_n(z-z_0)^n\Big| \\
&\quad = \Big|\sum_{n=p+1}^{m+p} a_n(z-z_0)^n\Big| \\
&\quad \le \sum_{n=p+1}^{m+p} |a_n(z-z_0)|^n \\
&\quad \le \sum_{n=p+1}^{p+m} M_n
\end{aligned}
$$

를 얻는다. 따라서 코시 판정법 (정리 2.6.6)과 바이에르슈트라스 M-판정법 (정리 2.6.7)에 의해 원하는 결과를 모두 얻게 되어 증명이 완결된다. □

이 밖에도, 아래의 결과가 코시·아다마르 정리 (정리 2.6.8) 만큼 일반적인 명제는 아니지만, 자주 쓰이므로, 여기 소개해 둔다.

정리 2.6.9 (비율판정법) **멱급수** $\sum_{n=0}^{\infty} a_n(z-z_0)^n$ **에 대하여 극한값** $\lim_{n\to\infty} \frac{|a_n|}{|a_{n+1}|}$ **이 폐구간으로 표현된 범위** $[0,\infty]$ **안에 존재하면 (특히, 무한대** $+\infty$**도 극한값으로 인정한다!), 이 극한값이 위에 소개한 수렴반경과 일치한다.**

이렇게 계수의 비에 대한 극한을 이용하는 방법을 비율판정법, 영어로는 (Ratio test)라고 부른다. 이 도움정리의 증명을 포함하는 매우 일반적인 결과의 증명이 대부분의 실변수함수론 책에 실려 있고 잘 설명되어 있으므로 여기에 따로 소개하지는 아니한다.

연습 문제

문제 2.6.1 멱급수 $\sum_{n=0}^{\infty} \frac{z^n}{3^n - 2^n + 1}$의 수렴반경을 구하여라.

문제 2.6.2 멱급수 $\sum_{n=0}^{\infty} \frac{z^n}{n^3}$의 수렴반경을 구하여라.

문제 2.6.3 멱급수 $\sum_{n=0}^{\infty} \frac{z^n}{n!}$의 수렴반경을 구하여라.

문제 2.6.4 (아벨(Abel)의 정리) 아벨[17]의 정리로 알려진 명제, "멱급수 $\sum_{n=0}^{\infty} a_n(z - z_0)^n$이 조건 $z_1 \neq z_0$를 만족시키는 점 $z_1 \in \mathbb{C}$에서 수렴하면 이 멱급수는, 조건 $r < |z_1 - z_0|$를 만족시키는 임의의 양수 r에 대하여, 닫힌 원반 $E(z_0, r)$ 위에서 고르게 수렴한다."를 증명하여라.

2.6.7 멱급수의 항별미분과 항별적분

이제 열린 원반 $D(z_0, R)$ 안에 있는 점 z_1을 하나 임의로 선택하자. 그러면, $|z - z_0| < R$가 성립하므로, 조건 $0 < r < R$와 $z \in D(z_0, r)$를 만족하는 양수 r이 존재하게 된다. 따라서 부분합으로 이루어진 함수열

$$\{f_k(z) := \sum_{n=0}^{k} a_n(z - z_0)^n \mid k = 1, 2, \cdots\}$$

[17] N. H. Abel (1802-1829), 노르웨이.

은 닫힌 원반 $E(z_0, r)$ 위에서 고르게 수렴한다. 그러면 임의의 자연수 k에 대하여 조건 $F_k(z_0) = 0$를 만족하는 f_k의 원시함수 F_k 는

$$F_k(z) = \int_{z_0}^{z} f_k(z)dz = \sum_{n=0}^{k} \frac{1}{n+1} a_n (z - z_0)^{n+1}$$

가 된다.

또한, 도움정리 2.6.2 에 의해, $E(z_0, r)$ 위에서,

$$\begin{aligned}
&\sum_{n=0}^{\infty} \Big(\int_{z_0}^{z} a_n (z-z_0)^n dz \Big) \\
&\qquad = \sum_{n=0}^{\infty} \frac{1}{n+1} a_n (z - z_0)^{n+1} \\
&\qquad = \lim_{k\to\infty} \sum_{n=0}^{k} \frac{1}{n+1} a_n (z - z_0)^{n+1} \\
&\qquad = \lim_{k\to\infty} F_k(z) \\
&\qquad = \lim_{k\to\infty} \int_{z_0}^{z} f_k(z)dz \\
&\qquad = \int_{z_0}^{z} \big(\lim_{k\to\infty} f_k(z) \big) dz \\
&\qquad = \int_{z_0}^{z} \Big(\sum_{n=0}^{\infty} a_n (z - z_0)^n \Big) dz
\end{aligned}$$

가 성립함을 알 수 있다. 즉, 수렴반경 안에서는 멱급수의 적분을 항별로 계산하면 된다는 것을 확인하였다. 참고로 도움정리 2.6.2는 다섯 번째 등호를 성립시키는데 쓰였으며 다른 등호는 당연해 보이지만 논리적인 오류를 피하기 위해서는 멱급수

$\displaystyle\sum_{n=0}^{\infty}\frac{1}{n+1}a_n(z-z_0)^{n+1}$ 의 수렴반경이 원래 멱급수 $\displaystyle\sum_{n=0}^{\infty}a_n(z-z_0)^n$ 의 수렴반경 이상이어야 한다. 실제로 코시-아다마르 정리를 통해 수렴반경을 계산해 보면 이 두 멱급수의 수렴반경이 같은데, 이를 확인하는 것은 독자를 위한 연습문제로 돌린다.

그렇다면 멱급수의 미분은 어떨까? 위의 논증은 실제로 멱급수 $\displaystyle\sum_{n=0}^{\infty}a_n(z-z_0)^n$ 의 부정적분이 멱급수 $\displaystyle\sum_{n=0}^{\infty}\frac{1}{n+1}a_n(z-z_0)^{n+1}$ 과 같다는 점을 증명하였으므로, 이는 곧, 같은 원반 영역에 정의된, 이들 두 온함수가 등식

$$\frac{\partial}{\partial z}\Big(\sum_{n=0}^{\infty}\frac{1}{n+1}a_n(z-z_0)^{n+1}\Big)=\sum_{n=0}^{\infty}a_n(z-z_0)^n \tag{2.17}$$

를 만족한다는 것을 의미한다. 이제 기호를 바꾸어 보자. $n=1,2,\cdots$ 에 대하여

$$b_{n+1}=\frac{1}{1+n}a_n$$

으로 두면, 위의 식 (2.17)은

$$\frac{\partial}{\partial z}\Big(\sum_{n=1}^{\infty}b_nz^n\Big)=\sum_{n=1}^{\infty}nb_nz^{n-1}$$

를 제공한다. 여기에 등장한 멱급수는 여전히 같은 수렴반경을 가지는데, 이를 확인하는 것 역시 연습문제로 둔다.

이를 모두 종합하여 아래 정리를 얻는다.

정리 2.6.10 (멱급수의 항별 미적분 정리) **수렴반경 안에서 멱급수의 미분과 적분은, 항별로 계산하여 얻는 멱급수와 같으며, 수렴반경도 변함없이 유지된다.**

2.6.8 온함수의 멱급수 표현

이제 온함수에 관한 토의로 돌아간다. 온함수는 국소적으로는 항상, 수렴하는 멱급수로 표현할 수 있는데, 그 의미와 이유 및 논증을 소개하려고 한다.

정리 2.6.11 (멱급수 전개 정리) **열린 원반** $D(z_0, r) := \{z \in \mathbb{C} \mid |z - z_0| < r\}$ **위에 정의된 함수** $f\colon D(z_0, r) \to \mathbb{C}$**가 온함수일 조건은, 이 함수가**

$$f(z) = \sum_{n=0}^{\infty} a_n (z - z_0)^n$$

와 같이, 수렴반경이 $r > 0$**인 멱급수로 표시된다는 조건과 논리적으로 동등하다. 또한 이 경우, 조건** $0 < r' < r$**을 만족하는 임의의** r'**에 대하여, 반시계 진행 방향을 가지는** $D(z_0, r')$**의 경계 곡선을 따라 등식**

$$a_n = \frac{n!}{2\pi i} \int_{\partial D(z_0, r')} \frac{f(\zeta)}{(\zeta - z_0)^{n+1}} d\zeta$$

가 임의의 $n = 0, 1, 2, \cdots$ **에 대하여 성립한다.**

증명. $z \in D(z_0, r)$ 가 주어졌다고 하자. 그러면 조건 $0 < r_1 < r$을 만족하는 적당한 양수 r_1에 대하여 $z \in D(z_0, r_1) \subset$

$E(z_0, r_1)$ 가 성립하게 할 수 있다. 이제 그 경계를 이루는 곡선 $\alpha(t) = z_0 + r_1 e^{it}, (0 \le t \le 2\pi)$ 를 생각하면, 코시 적분정리에 의해

$$f(z) = \frac{1}{2\pi i} \int_\alpha \frac{f(\zeta)}{\zeta - z} dz$$

가 성립한다. 적분변수 ζ가 표시하는 점이 곡선 α 위에서 움직이므로 부등식

$$|\zeta - z| < |\zeta - z_0|$$

가 성립한다. 그러면

$$\begin{aligned}
\frac{1}{\zeta - z} &= \frac{1}{(\zeta - z_0) - (z - z_0)} \\
&= \frac{1}{(\zeta - z_0)} \cdot \frac{1}{1 - \frac{z - z_0}{\zeta - z_0}} \\
&= \frac{1}{(\zeta - z_0)} \cdot \sum_{n=0}^{\infty} \left(\frac{z - z_0}{\zeta - z_0} \right)^n \\
&= \sum_{n=0}^{\infty} \frac{(z - z_0)^n}{(\zeta - z_0)^{n+1}}
\end{aligned}$$

을 얻는데, 여기에 등장하는 무한등비급수는 고르게 절대수렴한다.

잠시 숨을 고르면서, 위의 무한등비급수를 코시 적분정리에 대입하면 생겨나는 선적분

$$A_n := \int_\alpha \frac{f(\zeta)}{(\zeta - z_0)^{n+1}} dz$$

의 절대값을 계측하려고 한다. 물론 코시 적분정리가

$$A_n = \frac{2\pi}{n!}\frac{\partial^n f}{\partial z^n}\Big|_{z_0}$$

를 바로 가르쳐주지만, 이 항의 크기를 효율적으로 계측하려면 조금 다른 방법을 생각해야 한다.

함수 $|f(z)|$가 연속이므로 닫힌 원반 $E(z_0, r_1)$ 위에서 최대값을 가진다. 이를 M이라 두자. 그러면

$$\begin{aligned}|A_n| &\leq \int_\alpha \frac{|f(\zeta)|}{|\zeta - z_0|^{n+1}}|dz| \\ &\leq \frac{M}{r_1^{n+1}}(2\pi r_1) \\ &= \frac{2\pi M}{r_1^n}\end{aligned}$$

를 얻는다. 이제

$$b_n = \frac{n!}{2\pi i}\int_{\partial D(z_0, r_1)} \frac{f(\zeta)}{(\zeta - z_0)^{n+1}} d\zeta$$

라고 쓰고, 멱급수 $\sum_{n=0}^{\infty} b_n(z-z_0)^n$ 의 수렴반경을 R로 표시하면

$$\begin{aligned} \frac{1}{R} &= \limsup_{k\to\infty} \sqrt[k]{|b_k|} \\ &\le \limsup_{k\to\infty} \sqrt[k]{\frac{2\pi M}{r_1^k}} \\ &= \frac{1}{r_1} \limsup_{k\to\infty} (2\pi M)^{\frac{1}{k}} \\ &= \frac{1}{r_1} \end{aligned}$$

를 얻으므로, $R \ge r_1$를 알 수 있다. 이 계측이 조건 $0 < r_1 < r$를 만족하는 임의의 r_1에 대해 성립하기 때문에 수렴반경 R이 $R \ge r$를 만족한다는 결론을 얻는다.

또한 코시 소멸정리에 의해 $b_n = a_n$가 성립하는 것을 알 수 있으므로 정리의 증명이 완결된다. □

이 증명의 결과로 아래 정리도 얻어진다.

정리 2.6.12 (테일러 전개식과 코시 계측) **복소 평면 위의 원반 $D(z_0, r) := \{z \in \mathbb{C} : |z - z_0| < r\}$ 위에 정의된 함수 $f : D(z_0, r) \to \mathbb{C}$가 온함수이면, 이 함수는**

$$f(z) = \sum_{n=0}^{\infty} \frac{1}{n!} \frac{\partial^n f}{\partial z^n}\bigg|_{z_0} (z - z_0)^n \tag{2.18}$$

로 표현된다. 기호 $f^{(n)}(z_0) = \frac{\partial^n f}{\partial z^n}\Big|_{z_0}$ 를 사용하면 우변의

멱급수의 표현이 $f(z) = \sum_{n=0}^{\infty} \frac{f^{(n)}(z_0)}{n!}(z - z_0)^n$ **로 쓰여지고, 수렴반경이** r **이상이며, 부등식**

$$\left|f^{(n)}(z_0)\right| \leq \frac{M}{r^n} \tag{2.19}$$

가 성립한다.

보충 2.6.1 표현 (2.18)은 통상 온함수 f의 z_0를 중심으로 한 **테일러 전개식** (Taylor development, 혹은 Taylor expansion) 이라 부르고, 부등식 (2.19)는 온함수 f의 **코시 계측** (Cauchy estimate) 이라고 부른다.

아래 정리도 성립한다.

정리 2.6.13 **영역** U **위에 정의된 함수** $f : U \to \mathbb{C}$**가 이 영역 위의 임의의 점** $z_0 \in U$ **마다 양수 수렴반경을 가진 멱급수** $\sum_{n=0}^{\infty} a_n(z - z_0)^n$ **으로 표현되면,** f**는 온함수이다.**

이로써 영역 위에 정의된 함수가 각 점에서 수렴하는 테일러 급수를 가진다는 조건과 이 함수가 온함수라는 조건이 논리적으로 동등하다는 사실을 알 수 있게 되었다. 그리고 바로 위 정리의 증명은, 수렴하는 멱급수의 항별 미적분 정리 (정리 2.6.10) 로부터 따라온다. 더 자세한 증명을 구성하는 것은 연습문제로 돌린다.

3 온함수의 기본 성질과 응용 I

3.1 온함수의 여섯 가지 모습

앞의 두 장을 통해 소개한 내용을 보면, 온함수의 정의와 논리적으로 동등한 조건이 여러 번 등장했다. 이 시점에서 그것을 요약·정리하여 앞으로의 이론 전개의 발판으로 삼으려 한다.

영역 U 위에 정의된 복소함수 $f: U \to \mathbb{C}$ 가 주어졌다고 하자. 그러면 아래 여섯 개의 조건은 모두 논리적으로 동등하다.

(1) [기본정의] f 는 온함수이다. 즉, f는 영역 U의 어느 점에서나 복소미분가능하다.

(2) [코시·리만 방정식] f를 실수부와 허수부로 분리하여 $f(z) = u(x, y) + iv(x, y)$로 표현하면, 코시·리만 방정식

$$\frac{\partial u}{\partial x} = \frac{\partial v}{\partial y}, \quad \frac{\partial u}{\partial y} = -\frac{\partial v}{\partial x}$$

를 만족시킨다. (이 조건은 영역 안에 있는 어느 점에서나 방정식 $\dfrac{\partial f}{\partial \bar{z}} = 0$ 가 성립한다는 표현과 같다.)

(3) [원시함수 정리] f에 대하여, 단순연결 영역 U 안에 포함되는 임의의 열린 원반 위에서 복소 원시함수 즉,

조건 $F' = f$를 만족시키는 온함수 F가 존재한다.

(4) [코시 소멸정리] 영역 U 안에 내부와 경계가 모두 포함되는 임의의 꺾인 C^1 단순 폐곡선 α에 대하여

$$\int_\alpha f(z)dz = 0$$

가 성립한다.

(5) [코시 적분정리] 영역 U 안에 내부와 경계가 포함되는 임의의 꺾인 C^1 단순 폐곡선 α가 임의로 주어졌다고 하자. 그러면 α가 반시계 방향성을 가지게 할 수 있고, α로 둘러싸인 영역에 속하는 임의의 점 z에 대하여 등식

$$f(z) = \frac{1}{2\pi i}\int_\alpha \frac{f(\zeta)}{\zeta - z}d\zeta$$

가 성립한다.

(6) [테일러 정리] 영역 U의 임의의 점 z_0에 대하여, 이 영역에 포함되는 반지름이 양수인 열린 원반 $D(z_0, r)$과 그 위에서 수렴하는 멱급수 $\sum_{n=0}^{\infty} a_n(z - z_0)^n$ 가 존재하여 조건

$$f(z) = \sum_{n=0}^{\infty} a_n(z - z_0)^n,\ \forall z \in D(z_0, r)$$

를 만족시킨다.

이렇게 하고 보니 온함수라는 개념이 여섯 개의 동등한 현신

(아바타?)을 가지는 존재처럼 느껴질 것 같기도 한다. 보기 드문 경우가 아닐 수 없는데, 이어지는 이론 전개는 이러한 특징들을 매우 잘 이용한다. 어느 경우에 어떤 모습(!)의 정의 또는 동등한 논리적 묘사가 쓰이는지 잘 관찰해 볼 필요가 있을 것이다.

3.2 온함수의 매끄러움

미적분학의 관점에서 함수를 볼 때면 수학자는, 이 함수의 미분가능성을 가장 먼저 알고 싶어 한다. 그러므로 "온함수는 얼마나 여러 번 미분가능할까?" 라는 질문은 수학 이론 전개에서는 필요하고, 또 매우 자연스럽다.

온함수의 정의는 영역의 각 점에서 복소미분가능하다는 것이고, 우리는 이로부터 2변수 함수로서 미분가능하다는 점을 확인하였다. 보조정리 1.3.1에서 온함수가 C' 수준임을 밝혔으며, 그것만으로 2장의 이론 전개를 수행하는데 충분했다.

그러나 지금 우리는, 이 시점에서 온함수가 C'를 넘어 더 여러 번 미분가능한지 여부를 점검해 보려고 한다.

영역 U 위에 정의된 온함수 $f : U \to \mathbb{C}$ 가 주어졌다고 하자. 그러면 임의의 점 $a \in U$ 과 적당한 양수 r 을 택하여 중심이 a에 있고 반지름이 r인 닫힌 원반 $E(a,r)$이 U 안에 포함되게 할 수 있다. 그리고 이 원반의 경계 곡선 α를 매개변수 방정식 $z(t) = a + re^{it}, (0 \le t \le 2\pi)$ 로 표시하자. 그러면 이 원반의 내부 영역인 $D(a,r)$ 에 속하는 임의의 점 z 에 대하여 코시 적분 공식 정리의 결론인

$$f(z) = \frac{1}{2\pi i}\int_\alpha \frac{f(\zeta)}{\zeta - z} d\zeta$$

가 성립하는 것을 알 수 있다. 여기에 미분 작용소 $\dfrac{\partial}{\partial z}$ 를 적용하

면 "적분기호 아래 미분 방법론" 에 의해

$$\begin{aligned} f'(z) &= \frac{1}{2\pi i}\int_\alpha f(\zeta)\Big(\frac{\partial}{\partial z}(\zeta - z)^{-1}\Big)d\zeta \\ &= \frac{1}{2\pi i}\int_\alpha \frac{f(\zeta)}{(\zeta - z)^2}d\zeta \end{aligned}$$

를 얻는다. 이것이 $D(a,r)$ 위에서 온함수 f 의 미분에 대한 적분 표현이다.. 이 결과에 적분기호 아래 미분 방법론을 다시 적용하여, f 의 2계 미분에 관한 표현

$$f''(z) = \frac{2}{2\pi i}\int_\alpha \frac{f(\zeta)}{(\zeta - z)^3}d\zeta$$

를 얻고 계속해서 같은 방법으로 임의의 자연수 k 에 대해서

$$f^{(k)}(z) = \frac{k!}{2\pi i}\int_\alpha \frac{f(\zeta)}{(\zeta - z)^{k+1}}d\zeta$$

를 얻는다. (증명은 수학적 귀납법 (Mathematical induction) 을 사용하면 된다. 연습문제로 돌린다.), 복소 미분가능한 함수는 실변수 함수로서 미분가능하다는 것을 도움정리 1.3.1 에서 이미 밝힌 바 있으므로 , 이로부터 아래 정리를 얻는다.

정리 3.2.1 온함수는 C^∞ 수준이다. 즉, 얼마든지 여러 번 미분가능하다.[a]

[a] "무한 번 미분가능하다." 라는 표현도 흔히 쓴다. 하지만, 논리학자들은 "differentiable infinitely many times" 보다는 "differentiable indefinitely many times" 를 선호한다. 무한대는 수가 아닌데, 유한한 수에 적용되는 수식어 "여러 번 (many times)" 과 상충된다는 점 때문인 듯하다.

온함수가 이보다 더 '매끄러울' 수는 없겠다고 생각하는가? 하지만 (6) 번 [복소 테일러 정리]를 보면, 온함수는 원반 $D(a, r)$ 위에서 수렴하는 멱급수로 표현된다는 결과를 얻을 수 있고, 정리 2.6.10에 의해 온함수가 멱급수로 표현된다는 성질로부터 얼마든지 여러 번 미분가능하다는 결론이 다시 한 번 도출된다.

다른 한 편, C^∞ 수준의 함수라 하더라도 수렴하는 멱급수로 표현되지 않는 함수가 있음을 미적분학에서 배웠을 터이고, 따라서 C^∞ 조건만으로는 이 함수가 수렴하는 멱급수로 표현된다는 결론을 끌어낼 수 없다는 사실을 알 수 있다. 이런 이유 때문에, 영역의 각 점 근방에서 수렴하는 멱급수로 표현되는 성질을 기호로 "C^ω 수준" 이라고 쓰고, 이를 C^∞ 수준보다 더 높은 수준으로 본다. 그런 관점에서 볼 때, 아래 정리가 의미를 가진다.

정리 3.2.2 (온함수의 해석가능성) 온함수는 C^ω 수준이다.[a]

[a] 이 결과가 온함수를 "해석(가능)함수 (analytic function)" 라는 이름으로 부르는 이유를 설명하기도 한다.

3.3 영점과 인수분해 및 유일확장성 정리

정의 3.3.1 함수 $f\colon U \to \mathbb{C}$에 대하여 $f(a) = 0$ 를 만족시키는 점 $a \in U$를 **영점** (0점, zero) 이라고 부른다.

영역 U 위에 정의된 함수 $f\colon U \to \mathbb{C}$가 온함수라면, 이 함수의 0점은 어떤 특징을 가질까? 이에 대한 연구의 결과로 아래 정리가 있다. 소개한다.

정리 3.3.1 (온함수의 인수분해, I) 원반 $D(a, r)$ 위에 정의된 함수 $f\colon D(a, r) \to \mathbb{C}$가 온함수이고, 두 조건

(1) 어떤 점 $a \in U$ 에서 $f(a) = 0$.

(2) 또다른 점 $b \in U$ 에서는 $f(b) \neq 0$.

를 만족시키면, U에 속하는 임의의 점 z에서 등식

$$f(z) = (z - a)^m g(z)$$

가 성립하게 하는 자연수 m과, 조건 $g(a) \neq 0$을 만족시키는 온함수 $g\colon D(a, r) \to \mathbb{C}$가 존재한다.

증명. 영역 U가 열린 집합이므로 조건 $D(a, r) \subset U$를 만족시키는 양수 r을 선택할 수 있다. 그러면 멱급수 전개정리 (정리 2.6.11)에 의해

$$f(z) = \sum_{n=0}^{\infty} a_n (z - a)^n$$

가 원반 $D(a,r)$ 위에서 성립하고, 우변 멱급수의 수렴반경은 r 이상이다.

그러면 첫 번째 조건 $f(a) = 0$로부터 $a_0 = 0$ 를 얻고, 두 번째 가정 조건 $f(b) \neq 0$으로부터 $a_\ell \neq 0$를 만족시키는 자연수 ℓ 이 존재한다는 결론도 얻는다. 따라서 조건

$$a_0 = \ldots = a_{m-1} = 0, \quad a_m \neq 0$$

등을 만족시키는 자연수 m이 존재하게 된다. 그러면

$$\begin{aligned} f(z) &= a_m(z-a)^m + a_{m+1}(z-a)^{m+1} + \cdots \\ &= (z-a)^m \sum_{k=0}^{\infty} a_{m+k}(z-a)^k \end{aligned}$$

한편, 멱급수 $\displaystyle\sum_{k=0}^{\infty} a_{m+k}(z-a)^k$ 의 수렴반경을 R이라 두면

$$\begin{aligned} \frac{1}{R} &= \limsup_{k\to\infty} |a_{m+k}|^{\frac{1}{k}} \\ &= \limsup_{k\to\infty} \left(|a_{m+k}|^{\frac{1}{m+k}}\right)^{\frac{m+k}{k}} \\ &\leq \limsup_{k\to\infty} (1/r)^{\frac{m+k}{k}} \\ &= \frac{1}{r}. \end{aligned}$$

를 얻는다. 따라서 $R \geq r$이 성립한다. 이제 $g(z) = \displaystyle\sum_{k=0}^{\infty} a_{m+k}(z-a)^k$ 로 두면 이 함수는 온함수이고, $g(a) = a_m \neq 0$와 $f(z) =$

$(z-a)^m g(z)$ 가 성립하므로 증명이 완결된다. □

이로부터 다음 정리를 얻는다.

정리 3.3.2 (온함수의 유일확장성 원리, I) **구멍난 원반 영역 $D^{\times}(a,r) := D(a,r) \setminus \{a\}$ 에 포함된 수열 $\{z_k\}$가 조건 $\lim_{k\to\infty} z_k = a$를 만족시키고, 온함수 $f\colon D(a,r) \to \mathbb{C}$에 대해 조건 $f(z_k) = 0$를 모든 자연수 k에 대해 만족시키면 f는 0함수이다. 즉, $f(z) = 0$ 가 원반 $D(a,r)$ 위의 모든 점 z에 대해 성립한다.**

증명. 우선 $f\colon D(a,r)$의 연속성 때문에

$$f(a) = \lim_{k\to\infty} f(z_k) = 0$$

가 성립한다. 이제 원반 $D(a,r)$ 위에서 온함수 f가 0함수가 아니라고 가정하면, $f(b) \neq 0$ 를 만족시키는 점 $b \in D(a,r)$ 가 존재하게 된다. 그러면 정리 (온함수의 인수정리, I)에 의하여 원반 $D(a,r)$의 점 z 모두에 대해

$$f(z) = (z-a)^m g(z)$$

가 성립하게 하는 양의 정수 m과, 조건 $g(a) \neq 0$을 만족시키는 온함수 $g\colon D(a,r) \to \mathbb{C}$가 존재하게 된다. 함수 g는 연속함수이므로 조건 $0 < s < r$를 만족시키는 s에 대하여, 임의의 $z \in D(a,s)$가 부등식 관계 $|g(z)| > |g(a)|/2 > 0$를 만족시킨

다. 따라서 원반 $D(a,s)$ 위에서는

$$f(z) = 0 \iff (z-a)^m g(z) = 0 \iff z = a \tag{3.1}$$

가 성립한다. 하지만 조건 $\lim_{k\to\infty} z_k = a$ 과 $\{z_k\} \subset D(a,r) \setminus \{a\}$ 때문에 충분히 큰 자연수 ℓ에 대해 $a \neq z_\ell \in D(a,s)$ 가 성립하게 된다. 그리고 $f(z_\ell) = 0$ 가 성립하므로 (가정에 의해), 이것은 바로 위에서 고찰했던 소결론 (3.1)에 모순이다. 이것으로 증명이 완결된다. □

함수 $f: U \to \mathbb{C}$의 0점 집합 (Zero set; 독일어로는 Nullstelle)은 기호

$$Z_f = \{z \in U : f(z) = 0\}$$

로 표현하는 것이 보통이다. 우리도 이 기호를 쓰기로 하겠다. 그리고 위 정리들을 보다 편리하다고 여겨지는 몇 가지 형태로 서술하려 한다.

정리 3.3.3 (온함수의 유일확장성 원리, II) **영역 U 위에 정의된 온함수 $f: U \to \mathbb{C}$와 한 점 $p \in U$에 대하여 f의 영점 집합 $Z_f \setminus \{p\}$에 포함되며 p로 수렴하는 수열을 포함하면, f는 0함수이다.**

증명. 한편, 가정에서 말하는 수열을 $\{z_k\}$ 라 두고 $\lim_{k\to\infty} z_k = p \in U$ 로 두자. 그러면 연속성에 의해 $p \in Z_f$가 성립한다.

이제, U 안에서 임의의 점 q를 선택하더라도 $q \in Z_f$가 성립함을 보이면 증명이 완결된다. 그러므로 $q \in U$를 임의로

선택하되 $q = p$인 경우에는 증명할 것이 없으므로 $q \neq p$ 라고 가정하여도 증명의 일반성을 잃지 않는다.

이 시점에서 영역의 연결성에 관한 정리 1.5.2을 사용하기로 하자. 이제 U 안에 있는 꺾은선 $\alpha\colon [0,1] \to \mathbb{C}$ 가 $\alpha(0) = p$, $\alpha(1) = q$를 만족시키도록, p로부터 q 까지 연결하게 할 수 있다. 이제

$$A = \{t \in [0,1] \colon \alpha(s) \in Z_f, \forall s \in [0,t]\}$$

를 생각하기로 하자. 우선 $0 \in A$가 성립한다. 따라서 A는 공집합이 될 수 없다.

한편, 가정과 앞 정리의 논증에 의하여, $D(p,r) \subset Z_f$ 가 성립하게 하는 양수 r이 존재한다. 그러므로 지금

$$t_1 = \sup A$$

로 두면, $t_1 > 0$는 명백하다. 만약 $t_1 = 1$이면 연속성에 의해 $1 \in A$가 성립하고 $q = \alpha(1) \in Z_f$ 를 얻게 되어 증명이 끝나게 된다.

따라서 $t_1 < 1$인 경우만 생각하면 된다. 이 경우에는, U가 열린 집합임을 이용하여 조건 $D(\alpha(t_1), r_1) \subset U$를 만족시키는 양수 r_1을 선택한다. 그러면 양수들로 이루어졌고 단조증가하면서 t_1으로 수렴하는 수열 $s_k \in [0, t_1]$ 을 선택하면서도, $\alpha(s_k)$ 들이 각각 다른 점이 되도록 할 수 있다. 한편, $\alpha(s_k)$ 들은 모두 각각 Z_f의 원소이므로, 앞의 논증을 또 사용하여 f가 원반 $D(\alpha(t_1), r_1)$ 위에서 0함수가 된다는 결론을 얻는다.

이로부터 t_1 보다 큰 원소가 Z_f에 존재하게 되었다. 하지만 이것은 t_1의 선택에 모순이다. 이로서 증명이 완결되었다. □

따름정리 3.3.4 (온함수의 유일확장성 원리, III) **영역** U **위에 정의된 두 온함수** f, g**가 한 점** $p \in U$**로 수렴하는 수열** $\{z_k\} \subset U \setminus p$ **위에서 값이 일치하면, 즉,** $\{z_k\} \subset Z_{f-g}$ **가 성립하면, 두 함수** f, g**는** U**의 각 점에서 모두 일치한다.**

증명은 함수 $h = f - g$에 앞 정리를 적용하면 바로 따라오므로, 생략한다.

따름정리 3.3.5 (온함수의 인수정리, II) **영역** U **위에 정의된 온함수** $f: U \to \mathbb{C}$**가 0함수가 아니면서 점** $a \in U \cap Z_f$**가 존재하면, 등식**

$$f(z) = (z - a)^m G(z), \ \forall z \in U$$

가 성립하게 하면서 조건 $G(a) \neq 0$**를 만족시키는 온함수** $G: U \to \mathbb{C}$**가 존재한다.**

증명. 조건 $D(a, r) \subset U$를 만족시키는 양수 r을 선택하기로 하자. f는 온함수이지만 0함수가 아니므로, 정리 3.3.3에 의해 $b \in D(a, r) \setminus Z_f$가 반드시 존재해야 한다. 따라서 정리 3.3에 의해, 원반 $D(a, r)$ 위에서 $f(z) = (z - a)^m g(z)$와 $g(a) \neq 0$ 가 성립하도록 하는 온함수 $g: U \to \mathbb{C}$가 존재하게 된다. 또한, g의 연속성 때문에 $Z_f \cap D(a, s) = \{a\}$ 가 성립하게 하는 $s \in (0, r)$이 존재한다. 그러면, $D(a, s) \setminus \{a\}$ 위에서는

$g(z) = (z-a)^{-m}f(z)$이고, 함수 $(z-a)^{-m}f(z)$는 $U \setminus \{a\}$ 위에서 잘 정의된 온함수이므로

$$G(z) = \begin{cases} g(z) & \text{if } z \in D(a,s) \\ (z-a)^{-m}f(z) & \text{if } z \in U \setminus \{a\} \end{cases}$$

로 $G\colon U \to \mathbb{C}$를 정의하면 이 함수는 잘 정의된 온함수이다. 이 함수가 정리의 증명을 완결시킨다. □

지금까지 온함수가 한 점에서 0이 되지만 영역 전체에서 0이 아닌 경우, 각 영점은 고립되어 있으며 중근이 될 수는 있지만 유한 번 겹치는 중근이 되는 것을 살펴 보았다. 그 역명제는 어떨까? 만일 영역 내의 0점이 무한 번 겹치는 중근이 되는 경우에는 어떨까? 그럴 경우 그 온함수는 0함수가 되는데, 그 이유를 알아보기로 하자.

정리 3.3.6 영역 U 위에 정의된 온함수 f가 한 점 $p \in U$에서 0이 되고, 임의의 자연수 m 각각에 대하여

$$f(z) = (z-p)^m g_m(z), \quad \forall z \in D(p,r) \subset U$$

가 성립하게 하는 온함수 $g_m\colon D(p,r)$이 적절한 양수 r에 대하여 존재하면, $f\colon U \to \mathbb{C}$는 0함수이다.

증명. 가정에 주어진 등식을 미분하면, $\left.\dfrac{\partial^k f}{\partial z^k}\right|_p = 0$가 $k = 0, 1, 2, \ldots, m-1$의 경우에 바로 얻어진다. 이 과정에서 자연수 m에 대한 제한이 없으므로 결국 f의 테일러 급수의 계수가 모두

0이 됨을 알 수 있고 따라서 온함수 f가 원반 $D(p,r)$ 위에서 0함수와 같게 된다. 마지막으로 유일확장성 원리에 의해 $f\colon U \to \mathbb{C}$ 자체가 0함수가 된다. □

3.4 온함수의 실수부와 허수부, 그리고 조화함수

영역 U 위에 정의된 온함수 $f: U \to \mathbb{C}$를 실수부와 허수부로 분리하여 $f(z) = u(x, y) + iv(x, y)$ 로 표현해 보면,

$$u(x,y) = \frac{f(z) + \overline{f(z)}}{2}$$
$$v(x,y) = \frac{f(z) - \overline{f(z)}}{2i}$$

가 성립한다. 켤레 복소수를 이용한 이 식을 실수부 $u(x, y)$와 허수부 $v(x, y)$의 정의로 사용하는 경우도 많다.

이 식은 u, v가 모두 C^∞ 수준임을 바로 보여주기도 하고, 또 국소적으로 수렴하는 멱급수[1]가 된다는, 즉 C^ω 수준임을 도출할 수 있다.

미분을 여러 번 하는 경우 기호를 단순화하는 편이 바람직하다는 생각으로 소개된 미적분학의 기호

$$u_x = \frac{\partial u}{\partial x}$$
$$u_{xy} = \frac{\partial^2 u}{\partial y \partial x}$$
$$\vdots$$
$$u_{xyxy} = \frac{\partial^4 u}{\partial y \partial x \partial y \partial x}$$
$$\vdots$$

[1]실변수 x, y로 이루어진 멱급수이다. 변수가 2개라는 점에 주의할 필요가 있다.

등등을 사용하려고 한다.

온함수는 물론 실수부와 허수부도 모두 얼마든지 여러 번 미분가능한 함수이기에, 편미분은 미분 순서에 무관하게 같은 값을 가진다. 독자는 이 사실을 보다 정확하게 서술하기를 바랄 듯하다. 미분의 순서를 바꾼다는 것은 사실은 극한을 순서를 바꾸어 취한다는 것에 그 불변성이 좌우된다. 따라서 자세히 규명하는 것이 가능한데, 결론은

> C^k **함수는 차수** k **편도함수까지 편미분의 순서를 임의로 바꾸어도 그 값이 변하지 아니한다.**

이고, 이 결과는 보통 **오일러** (Euler)의 정리라고 부른다. 우리는 이 사실을 증명하지 않고 그냥 쓰겠다.

이제 온함수 $f(z) = u(x, y) + iv(x, y)$ 에 대하여 코시·리만 방정식이 성립하므로 거기에서부터 출발하자. 그러면

$$u_{xx} = (u_x)_x = (v_y)_x = (v_x)_y = (-u_y)_y = -u_{yy}$$

를 얻으며 같은 방법으로

$$v_{xx} = -v_{yy}$$

를 얻는다. 이제, 잘 알려진 **라플라스 작용소**

$$\Delta = \frac{\partial^2}{\partial x^2} + \frac{\partial^2}{\partial y^2}$$

를 소개한다. 우리가 다루려는 온함수의 실수부와 허수부는 특히 조건

$$\Delta u = 0 = \Delta v$$

를 만족시킨다. 보다 일반적으로 라플라스 연산자를 통해 정의되는 조화함수 개념을 소개한다.

정의 3.4.1 영역 $U \subset \mathbb{R}^2$에 정의된 C^2 함수 $u \colon U \to \mathbb{R}$가 방정식

$$\Delta u = 0$$

를 만족시키면, u를 **조화함수** (Harmonic function) 라고 부른다.

그러면 질문이 자연스레 떠오른다. 조화함수는 많은가? 어떤 것들인가? 당연한 대답도 거의 동시에 떠오른다. 온함수의 실수부와 허수부는 모두 조화함수이고 복소 다항식 함수, 수렴하는 복소 멱급수 함수 등이 모두 온함수이므로 이들의 실수부와 허수부를 택하면 조화함수가 무척 많이 생기게 된다.

3.5 켤레 조화함수, 복소 로그함수

계속해서, 얼른 대답하기 어려울 듯한 질문도 떠오른다. 온함수가 주어지면 그로부터 조화함수를 얻어내는 것은 이해했는데, 역으로 조화함수가 하나 주어지면 그것을 실수부로 가지는 온함수가 존재할 것인가?

> **정의 3.5.1** 영역 U 위에 정의된 조화함수 $u: U \to \mathbb{R}$가 주어졌을 때 $u + iv$가 온함수가 되게하는 함수 $v: U \to \mathbb{R}$를 u의 **켤레 조화함수** (conjugate harmonic function) 라고 부른다.

켤레 조화함수 v를 찾는 방법은 코시·리만 방정식을 이용하는 편이 제일 먼저 떠오를 것이다. 시도해 보자. v가 만족해야 할 방정식은

$$\begin{cases} v_x = -u_y \\ v_y = u_x \end{cases}$$

인데, u가 조화함수이기 때문에 $(-u_y)_y = -u_{yy} = (u_x)_x = u_{xx}$가 성립한다. 따라서 포텐셜함수 도움정리 (정리 2.3.2)에 의해 아래 결과를 얻게 된다.

> **정리 3.5.1** **원반** $D(a, r)$**에 정의된 조화함수** $u: D(a, r) \to \mathbb{R}$**가 주어지면,** u**의 켤레 조화함수** $v: D(a, r) \to \mathbb{R}$**가 존재한다.**

다른 증명 방법도 있다. 사실은 같은 방법이라고 할 수도 있지만 달라 보이기도 하고, 또 방법론 자체가 다른 응용 가능성을 보여 주기에 소개한다.

$u \colon D(a,r) \to \mathbb{R}$가 조화함수라는 데에서 출발한다. 이제

$$g(z) = 2\frac{\partial u}{\partial z} = u_x - iu_y$$

로 두면, g는 복소함수로서 실수 값을 가질 필요는 없다. 그런데 $\Delta = 4\frac{\partial^2}{\partial z \partial \bar{z}}$ 이기 때문에

$$\frac{\partial g}{\partial \bar{z}} = 0$$

가 원반 $D(a,r)$ 에서 성립한다. 따라서 g는 온함수이다. 이제 온함수의 원시함수 정리에 의해 원반 $D(a,r)$에서 정의되고 조건 $G' = g$ 를 만족시키는 온함수 $G \colon D(a,r) \to \mathbb{C}$가 존재한다. G의 실수부와 허수부를 나누어

$$G(z) = \alpha(x,y) + i\beta(x,y)$$

로 표현하자. 그러면

$$\begin{aligned}
\alpha_x &= \text{Re } G_x = \text{Re } G' = \text{Re } g = u_x \\
\alpha_y &= \text{Re } G_y = \text{Re } (-iG') = \text{Re } (-2ig) = u_y
\end{aligned}$$

가 원반 $D(a,r)$의 각 점 모두에서 성립한다. 따라서 상수 $c \in \mathbb{R}$에 의해 $u = \alpha + c$도 성립한다. 이제 $v = \beta$로 두면 v가 u의 켤레 조화함수가 되는 것은 자명하다. □

보충 3.5.1 우리가 사용하는 내용이 기본적으로 포텐셜 함수 도움정리에 의존하기 때문에 위 정리에 등장하는 영역이 꼭 원반

영역일 필요는 없고 포텐셜 함수 도움정리가 성립하는 영역이면[2] 위 정리가 항상 성립한다. 사각형 모양, 복소평면 전체, 위쪽 반평면 $\{x+iy \in \mathbb{C}\colon y > 0\}$ 등 많은 영역에서 위의 정리가 성립한다. 즉, 이런 영역에 정의된 조화함수는 모두 켤레 조화함수를 가진다.

[2]단순연결 영역 (참고: 2.4.2) 이면 된다. 어떤 이들은 "구멍이 없는 영역"이라는 표현을 쓰기도 한다.

3.6 복소 로그와 가지함수

한편 구멍난 원반 $D^{\times}(0,r) := \{z \in \mathbb{C} : 0 < |z| < r\}$ 위에서는 조화함수라 하더라도 켤레 조화함수를 가지지 않는 경우가 있다. 많이 제시되는 예는 복소 로그함수인데, 그런 이유 말고도 매우 유용한 함수이다. 이제 복소 로그함수를 소개하려고 한다.

복소 지수함수 (exponential function) 는 앞에서 소개하였듯이

$$e^z = e^{x+iy} = e^x(\cos y + i \sin y)$$

로 주어지는데, 이 함수는 복소평면 전체에서 정의된 온함수이다. 이 함수의 "역함수 (inverse function)" 로 로그함수를 정의하려는 시도는 자연스럽다. 하지만 여기에는 지수함수가 단사함수 (injective function)가 아니라는 어려움이 있다.

$$e^{x+iy} = e^{u+iv} \iff y = v + 2k\pi$$

가 정수 k에 대해 성립하기 때문이다.

복소 로그함수는 명제

$$w = \log z \iff e^w = z$$

를 통해서 정의되는 것이 자연스러운데, 그렇게 하면 z의 값 하나에 대해 함수값에 해당하는 $\log z$의 값이 하나보다 많은 여러 값을 가지게 되어 곤란해진다. 전통적인 함수의 정의에 위배되어, 로그 "함수" 라는 용어가 어울리지 않기 때문이다.

하지만 z 값 하나에 대응되는 $\log z$의 값이 여러 개라 하더라

도, 그들은 일정한 규칙을 따라 분포되어 있다. 즉 위의 명제를 통해

$$z = |z|e^{i\theta}$$

라는 z의 극좌표 표현 (혹은, 극형식)에 들어 있는 편각(argument) θ의 모호성, 즉, θ와 $\theta+2k\pi$ (k 정수) 가 편각이 다름에도 복소 평면 위의 점을 가리키는 같은 복소수 값을 정의하는데 이런 점을 용인하고 복소 극좌표를 사용하는 점을 감안한다면

$$\log z := \ln|z| + i\arg z$$

(여기에서 쓰인 기호 $\arg z$ 는 편각 θ와 같다.) 라는 정의를 이해할 만할 것이라고 생각한다. 한편, 복소 로그함수 $\log z$의 정의에 해당하는 우변에 또 로그함수 ln 이 들어 있어서 자가당착 내지 순환 논리의 오류와 같은 느낌을 줄 수 있겠지만 우변의 로그는 실수함수인 자연로그이므로 논리적인 문제를 야기하지 아니한다.

지금부터는 특별히 따로 언급하지 않으면 언제나, log **기호는 복소 로그를,** ln **은 실수함수 자연로그를** 나타내기로 한다.

한편, $\log z$의 값이 여럿이기는 하지만 $z = 0$인 경우를 제외하고는 (여러) 값이 존재하는데, 함수값의 범위를 제한하면 어떨까? 예를 들어, 집합

$$S_0 := \{u + iv \in \mathbb{C}:\ -\pi < v < \pi\}$$

를 택하고 함수 $L_0\colon D(1,1) \to S_0$를

$$L_0(z) = \log z = \ln|z| + i\arg z, \ \big(-\pi < v < \pi\big)$$

로 정의하면 이 함수는 $z \in D(1,1)$ 마다 함수값이 정확히 하나씩 대응되는 함수가 된다. 실제로 이 함수는 더 넓은 영역, 즉 복소 평면에서 원점과 음의 실수를 뺀 영역 $\mathbb{C}^\star := \mathbb{C} \setminus (-\infty, 0]$ 위까지 정의구역이 자연스럽게 확장되는 함수가 된다.

복소 로그의 가지함수. L_0 함수를 구성할 때와 같은 방법으로 임의로 주어진 자연수 k에 대해서 집합

$$S_k := \{u + iv \in \mathbb{C}\colon (2k-1)\pi < v < (2k+1)\pi\}$$

를 택하고, 함수 $L_k\colon \mathbb{C}^\star \to S_k$ 를

$$\begin{aligned} L_k(z) &= \log z \\ &= \ln|z| + i\arg z, \quad \big((2k-1)\pi < \arg z < (2k+1)\pi\big) \end{aligned}$$

로 정의하면 역시 잘 정의된 온함수가 된다. 이렇게 정의된 함수는 $w = \log z$의 일부이고 다 모으면 거의 전체를 이룬다. 그래프 개념으로 보면 log 의 그래프 집합은

$$\text{Graph}\ (\log) = \{(z, w) \in \mathbb{C} \times \mathbb{C}\colon z \neq 0, w = \log z\}$$

가 된다. (그러나 이 기호가 log 가 전통적인 의미의 함수임을 뜻하지는 아니한다.)

각 L_k 를 조금 확장하여

$$\tilde{S}_k = \{u + iv \colon (2k-1)\pi \le v < (2k+1)\pi\}$$

를 치역으로 가지는

$$\tilde{L}_k(z) = \ln|z| + i \arg z, \ (2k-1)\pi \le \arg z < (2k+1)\pi$$

로 정의되는 $\tilde{L}_k \colon \mathbb{C}^\times \to \tilde{S}_k$ 들을 정의하고 [3] 함수 $w = \tilde{L}_k(z)$ 의 그래프

$$\text{Graph }(\tilde{L}_k) = \{(z, w) \in \mathbb{C} \times \mathbb{C} \colon z \ne 0, w = L_k(z)\}$$

를 생각하기로 하자. 그러면 L_k 의 그래프는 L_0 의 그래프를 w 의 허수축 방향으로 $2k\pi$ 만큼 "들어올린" 것이어서,

$$\text{Graph (log)} = \bigcup_{k \in \mathbb{Z}} \text{Graph }(\tilde{L}_k)$$

가 성립하며, 우변의 합집합에 참여하는 각 집합들은 서로 만나지 않는다. 이런 모양을 나무와 같다고 생각했는지 각각의 L_k (또는 $\tilde{L}_k$) 를 복소 로그의 **가지** (branch) 라고 부른다. 이렇게 만들어진 가지는 실제로 전통적인 의미로도 함수가 되므로 이를 "가지 함수" 라고 부르기도 한다.

가지함수가 온함수가 되기를 원한다면 음의 실수축과 같이

---

[3]이 함수는 음의 실수축 위의 점에서 불연속 함수이다! 처음 L_k 를 정의할 때 음의 실수축을 제거한 $\mathbb{C}^\star$ 를 사용한 이유가 이제 밝혀졌다.

버려야 할 부분집합을 고려하지 않을 수 없다. 대개는 원점에서 시작하여 무한히 뻗어나가는 곡선 중에서 자기자신과 만나지 않는 것을 선택하는데 이런 곡선을 **가지친 자취** (branch-cut) 라고 부른다.

이 시점에서 자주 쓰이는 용어를 소개하려고 한다. 앞에서 이미 소개한 함수

$$L_0(z) = \ln|z| + i\arg z, \quad (|\arg z| < \pi)$$

로 정의된 로그의 가지함수 (branch of the log) $L_0\colon \mathbb{C}^\times \to S_0$ 를 특히 로그의 **표준 가지** (the principal branch)라고 부르고 이 경우 편각함수 arg를 Arg 라고 쓴다. 따라서 이 책에서는 Arg 의 범위는 항상 $-\pi < \operatorname{Arg} z < \pi$ 로 잡는다. 뿐만 아니라, 표준 가지는 온함수이며 기호

$$\operatorname{Log} z = L_0(z) = \ln|z| + i\operatorname{Arg} z$$

로 표현한다.

도움정리 3.6.1 $L_0(z) = \log z$ **로 정의한** $L_0\colon \mathbb{C}^\times \to S_0$ **는 온함수이다.**

증명. 복소 지수함수 Exp $(z) = e^z$ 가 복소평면 전체에서 정의된 온함수인 것은 코시·리만 방정식으로 쉽게 확인된다. 그리고 $(e^z)' = e^z$ 이어서 지수함수는 실변수 함수로서 C^∞ 역함수정리의 가정 조건을 만족시킨다. 따라서 국소적으로 복소 지수함수의 역함수인 L_0 는 실변수함수로서 C^∞ 수준이다. 이제

이 함수가 코시·리만 방정식을 만족시키는지 확인하면 증명이 완결된다. $w = e^z$ 로 표현하고, 수식

$$z = L_0 \circ \mathrm{Exp}\,(z)$$

에 미분작용소 $\dfrac{\partial}{\partial \bar{z}}$ 를 시행하면 연쇄미분공식에 의해

$$\begin{aligned} 0 &= \frac{\partial L_0}{\partial w}\bigg|_{e^z} \frac{\partial \mathrm{Exp}}{\partial \bar{z}}\bigg|_z + \frac{\partial L_0}{\partial \bar{w}}\bigg|_{e^z} \frac{\partial \overline{\mathrm{Exp}}}{\partial \bar{z}} \\ &= \frac{\partial L_0}{\partial \bar{w}}\bigg|_{e^z} \overline{e^z} \end{aligned}$$

를 얻고, 이로부터

$$\frac{\partial L_0}{\partial \bar{w}}\bigg|_w = 0$$

를 얻는다. 이것으로 증명이 완결되었다. □

보충 3.6.1 수식 $z = L_0 \circ \mathrm{Exp}\,(z)$에 미분작용소 $\dfrac{\partial}{\partial z}$ 를 시행하면, 연쇄미분 공식에 의해 이번에는 $1 = L'(e^z)(e^z)' = L'(w)w$ 를 얻으며, 이로부터

$$L'(z) = \frac{1}{z}$$

를 얻는다. 우리의 논증에 따르면 이 식은 $\mathbb{C}^\times$ 의 점 각각에 모두 성립하지만, z가 음의 실수 축에 속하면 성립하지 않는 것처럼 보인다. 하지만 그것이 변하지 않는 사실은 아니다. 처음부터 이론을 전개할 때 제거할 축을 다르게 선택할 수도 있었기 때문이다. 예를 들, 음의 허수축을 제거할 수도 있었으며, 그렇게 하였더라도, 결과적으로 다루어야 할 함수가 L_0와 허수 상수만큼

차이가 날 뿐이었다. 그러므로, 미분에 관한 한 원점을 제외한 모든 복소수 점에서 복소 로그함수의 가지함수는 온함수가 되고 도함수는 항상 $1/z$ 가 된다.[4]

보기 3.6.1 구멍난 원반 $U = D(0,1) \setminus \{0\}$ 위에서는 잘 정의된 온함수 $f(z) = \frac{1}{z}$ 의 원시함수가 존재할 수 없다.

만일 원시함수가 존재한다면 실변수함수의 평균값 정리 때문에 이 함수는 부분집합 $D(1/2, 1/4)$ 에서 적절한 로그함수의 가지함수와 상수 차이 외에는 일치해야 한다. 그러면 저절로 이 '원시함수' 가 U 위에서 불연속함수가 될 수밖에 없으므로 모순에 이르게 된다. 이 논증을 보다 상세하게 써 보는 것은 연습문제로 돌린다.

---

[4]이런 현상을 두고 100여년 전의 복소함수론 책에서는 "로그함수는 함수가 아니지만 그의 미분은 온함수 $1/z$가 된다." 라고 쓰기도 했다.

3.7 일반 복소 지수

정의 3.7.1 0이 아닌 복소수 α와 임의의 복소수 β가 이루는 α^β 는

$$\alpha^\beta = e^{\beta \log \alpha}$$

로 정의한다.

0이 아닌 임의의 복소수 β에 대해서 $0^\beta = 0$ 으로 이해하는 것이 보통이므로 우리도 이 약속을 받아들이기로 하겠다. 하지만 위의 정의가 익숙해지는 것이 학생들에게 그리 쉽지만은 않았던 것 같다.

보기 3.7.1 복소 미지수 z에 관한 방정식 $z^2 = 4$를 풀어라.

풀이. 복소 지수의 정의에 따라 계산하면

$$\begin{aligned} z &= 4^{\frac{1}{2}} \\ &= e^{\frac{1}{2}\log 4} \\ &= e^{\frac{1}{2}\ln 4 + i \arg 4} \\ &= 2e^{i\frac{2k\pi}{2}} \\ &= 2e^{ik\pi}, \quad (k\text{는 정수}) \end{aligned}$$

를 얻는다. 그런데 마지막 표현은 값을 정확히 두 개 제공한다. 정수 k 가 홀수이면 -2, 짝수이면 $+2$ 를 준다. 따라서 $z = \pm 2$ 를 얻는다. □

보기 3.7.2 $w = \sqrt[3]{z^2}$ **에 대해 논하여라.**

분석. 정의에 의해

$$\begin{aligned} w &= z^{\frac{2}{3}} \\ &= e^{\frac{2}{3}\log z} \\ &= e^{\frac{2}{3}\ln|z|}e^{i\frac{2}{3}\arg z} \\ &= e^{\frac{2}{3}\ln|z|}e^{i\frac{2}{3}\mathrm{Arg}\, z + i\frac{4\pi}{3}} \\ &= e^{\mathrm{Log}\, z}e^{i\frac{4k\pi}{3}}, \quad k \in \mathbb{Z} \end{aligned}$$

를 얻는다. 표준 가지 함수 $\mathrm{Log}\, z$가 잘 정의된 온함수이므로 합성함수 $e^{\mathrm{Log}\, z}$ 역시 $\mathbb{C}^{\times}$ 위에 정의된 온함수이다. 다만 $e^{i\frac{4k\pi}{3}}$가 정수 k를 3으로 나눈 나머지 값에 따라 3개의 값을 가질 수 있으므로 그 값을 보다 구체적으로 정리해 볼 필요가 있겠다.

$$\begin{aligned} e^{i\frac{4k\pi}{3}} &= \begin{cases} 1 & (k \equiv 0 \bmod 3) \\ -\cos\pi/3 - i\sin\pi/3 & (k \equiv 1 \bmod 3) \\ +\cos\pi/3 + i\sin\pi/3 & (k \equiv 2 \bmod 3) \end{cases} \\ &= \begin{cases} 1 & (k \equiv 0 \bmod 3) \\ -\frac{1+2i}{\sqrt{3}} & (k \equiv 1 \bmod 3) \\ +\frac{1+2i}{\sqrt{3}} & (k \equiv 2 \bmod 3) \end{cases} \end{aligned}$$

를 얻게 된다. 결론적으로, 주어진 수식은 3개의 가지함수로 구성되어 있다는 것을 알 수 있게 되었다. □

가끔은 괴상한 지수에 관심이 갈 때가 있다. i^i 은 어떨까?

보기 3.7.3 $\sqrt{-1}^{\sqrt{-1}}$ 의 가능한 값을 모두 구하여라.

분석. 이 문제 역시, 복소 지수의 정의를 따라 분석한다.

$$\begin{aligned} i^i &= e^{i \log i} \\ &= e^{i(\ln |i| + i \arg i)} \\ &= e^{-\pi} e^{-2k\pi}, \ (k \in \mathbb{Z}) \\ &= e^{-(2k+1)\pi}, \ (k \in \mathbb{Z}) \end{aligned}$$

를 얻게 되는데, 이건 무한히 많은 실수로 이루어져 있다! □

4

온함수의 기본 성질과 응용 II

4.1 온함수의 코시 계측

앞서 멱급수 전개정리 (정리 2.6.11)의 증명 중에서 일부 계측을 얻는 법을 소개한 적이 있지만 지금 다시 잘 정리하여 소개하려고 한다.

정리 4.1.1 (코시 계측) **열린 집합 U 위에 정의된 온함수 $f\colon U \to \mathbb{C}$ 가 주어졌고, 부등식 $|f(z)| \le M$, $\forall z \in U$ 가 성립하게 하는 상수 M이 주어졌다고 하자. 이제 U의 점 a 가 적절한 양수 r에 대해, 조건**

$$E(a,r) \subset U \tag{4.1}$$

를 만족시키면, 임의의 자연수 k에 대해 부등식

$$\left| \frac{\partial^k f}{\partial z^k}\Big|_a \right| \le \frac{k!M}{r^k}$$

가 성립한다.

증명. 닫힌 원반 $E(a,r)$의 경계 $\partial E(a,r)$을 반시계 방향성을 가지는 매개변수 방정식 $\alpha(t) = a + re^{it}$, $(0 \le t \le 2\pi)$ 로 표현하기로 하자.

코시 적분공식 (정리 2.5.1, 정리 2.5.4)에 의하여

$$\frac{\partial^k f}{\partial z^k}(a) = \frac{k!}{2\pi i}\int_\alpha \frac{f(\zeta)}{(\zeta - a)^{k+1}}d\zeta$$

가 성립한다. 이로부터

$$\begin{aligned}\left|\frac{\partial^k f}{\partial z^k}(a)\right| &\leq \frac{k!}{2\pi}\int_\alpha \frac{|f(\zeta)|}{|\zeta - a|^{k+1}}|d\zeta| \\ &\leq \frac{k!}{2\pi}\frac{M}{r^{k+1}}\cdot 2\pi r \\ &= \frac{k!M}{r^k}\end{aligned}$$

를 얻는다. □

보충 4.1.1 만약 적절한 양수 r에 대하여, A 에 속하는 임의의 원소 a 가 $E(a,r) \subset U$를 만족시킨다면, 위 계측은 또 다른 계측

$$\sup_A \left|\frac{\partial^k f}{\partial z^k}\right| \leq \frac{k!M}{r^k}$$

를 제공한다.

4.2 리우빌 정리와 대수학의 기본정리

정의 4.2.1 복소 평면 전체에 정의된 온함수를 **완전함수** (entire function) 라고 부른다.

정리 4.2.1 (리우빌(Liouville)의 정리) **완전함수 $f: \mathbb{C} \to \mathbb{C}$가, 적절한 상수 $M > 0$에 대하여, 조건**

$$|f(z)| \leq M, \forall z \in \mathbb{C}$$

를 만족시키면 f는 상수함수이다.[a]

[a] 이 정리는 수식을 동원할 필요 없이 "유계 완전함수는 상수함수이다." 라고 간단히 서술된다. 영어로는, "Any bounded entire function is constant." 라고 말한다.

증명. $z_0 \in \mathbb{C}$ 를 임의로 택하기로 하자. 그러면 임의의 양수 r에 대하여 $E(r, z_0) \subset \mathbb{C}$ 가 성립하므로, 코시 계측 정리 (정리 4.1.1)에 의하여

$$|f'(z_0)| \leq \frac{M}{r}$$

가 성립한다. f의 정의구역이 복소 평면 전체이기 때문에, 이 부등식이 r의 모든 양수 값에 대하여 성립해야 하고, 따라서 $f'(z_0) = 0$을 얻게 된다. 뿐만 아니라 $z_0 \in \mathbb{C}$ 를 임의로 택하여도 같은 결과를 얻게 된다. 그러므로 f의 도함수가 0함수가 되고, 따라서 f가 상수함수임이 바로 확인된다. □

정리 4.2.2 (대수학의 기본정리) 다항식 함수 $f(z)$ 가 상수 함수가 아니면, $f(a) = 0$를 만족시키는 복소수 $a \in \mathbb{C}$가 존재한다.

증명. 결론을 부정하여 f 의 함수값이 0이 되는 점이 없다고 가정하자. 그러면 함수 $h(z) := \frac{1}{f(z)}$ 도 완전함수가 된다.

한편, f 가 상수함수가 아닌 다항식 함수이므로, 적절한 자연수 n과 복소수 $a_0, \ldots, a_n$ 이 존재하여, $f(z) = a_0 + a_1 z + \cdots + a_n z^n$ 와 $a_n \neq 0$ 가 성립한다. 그러면

$$|f(z)| \geq |z|^n \left(|a_n| - \frac{|a_{n-1}|}{|z|} - \ldots - \frac{|a_0|}{|z|^n} \right)$$

을 얻는다. 임의의 $k \in \{0, \ldots, n-1\}$ 각각에 대하여

$$\lim_{|z| \to +\infty} \frac{|a_k|}{|z|^{n-k}} = 0$$

라는 조건이 성립하므로, 적절한 양수 $R > 0$을 택하여 $|z| > R$을 만족시키는 임의의 $z \in \mathbb{C}$에 대하여 부등식 조건 $\dfrac{|a_k|}{|z|^{n-k}} < \dfrac{|a_n|}{10n}$ 가 성립하게 할 수 있다. 그러므로 조건 $|z| > R$ 아래에 있는 z에 대해서는 $|f(z)| \geq \dfrac{9|a_n|R^n}{10}$ 이 성립하고, 따라서

$$|h(z)| \leq \frac{10}{9|a_n|R^n}, \quad (\forall z : |z| > R)$$

를 얻는다.

이제, 조건 $|z| \leq R$ 를 만족하는 경우를 따져 보자. $h = 1/f$

가 완전함수이므로 특히 연속함수이고, 따라서 $|h|$ 도 연속함수이다. 그러면 닫힌 원반 $E(0,R)$ 이 옹근 (compact) 집합이므로

$$|h(z)| \leq M_1, \quad \forall z \in E(0,R)$$

를 만족시키는 $M_1 > 0$ 이 존재하게 된다.

결론적으로 $|h|$ 의 값은 복소평면 어디에서나 $M_1 + \frac{10}{9|a_n|R^n}$ 보다 크지 못하여, h가 유계 완전함수라는 사실을 알게 되었다. 따라서 리우빌의 정리 (정리 4.2.1)에 의해 h가 상수함수라는 결론에 이르게 되고 따라서 $f = 1/h$ 도 상수함수가 되는데, 이것은 가정에 모순이다. 이것으로 증명이 완결된다. □

연습 문제

문제 4.2.1 다항식 함수 f 가 단사함수 (injective function) 라는 조건과, f 가 일차함수라는 조건이 논리적으로 동등함을 보여라.

문제 4.2.2 함수 $f\colon \mathbb{C} \to \mathbb{C}$ 가 완전함수이고 상수 $C, R > 0$ 과 자연수 m에 대하여 조건

$$|f(z)| \leq C(1+|z|)^m, \forall z \in \mathbb{C} \setminus D(0,R)$$

를 만족시킨다면, f 가 차수 m을 넘지 않는 다항식함수임을 보여라.

문제 4.2.3 완전함수 f가 조건

$$|f(z)| \le 5\sqrt{|z|}, \forall z \in \mathbb{C}$$

를 만족시킨다면, f 는 0함수임을 보여라.

문제 4.2.4 완전함수 f가 조건

$$\lim_{z\to\infty} f(z) = \infty$$

를 만족하면 f가 다항식임을 보여라.

문제 4.2.5 완전함수 f가 단사함수이고, 적절한 자연수 m에 대하여 조건

$$\limsup_{z\to\infty} |z^{-m} f(z)| = 0$$

를 만족시킨다면, f가 1차 다항식임을 보여라.

4.3 온함수의 최대 절대값 원리

정의 4.3.1 (극점 Extreme points) 복소평면 위의 영역 U 위에 정의되고 실수값을 가지는 함수 $h: U \to \mathbb{R}$ 에 대하여 $D(p,r) \subset U$ 가 성립하게 하는 적절한 양수 r이 존재하고, 부등식 조건

$$h(z) \leq h(p), \ \forall z \in D(p,r)$$

가 성립하면, 점 $p \in U$를 함수 h의 **극대점** (local maximum point)이라고 부른다. 이 정의는 실함수론에서 잘 알려진 정의이고, 비슷한 방법으로 **극소점, 최소점, 최대점** 등도 정의된다.

온함수의 절대값 함수를 다룰 때 편리한 도움정리를 먼저 소개한다.

도움정리 4.3.1 $f: D(p,r) \to \mathbb{C}$가 **온함수이고, 절대값 함수** $|f|$ **가 상수함수이면,** f **도 상수함수이다.**

증명. $|f|^2 = f\bar{f}$ 도 상수함수이므로, 이 함수에 미분작용소 $\dfrac{\partial}{\partial z}$를 시행하면, $D(p,r)$ 위에서 0이 된다. 이제 계산에 의해

$$\begin{aligned} 0 = \left(|f(z)|^2\right)_z &= \left(f(z)\overline{f(z)}\right)_z \\ &= f_z \cdot \bar{f} + f \cdot (\bar{f})_z \\ &= f_z \cdot \bar{f} + f \cdot \overline{f_{\bar{z}}} \\ &= f_z \cdot \bar{f} \end{aligned}$$

를 얻고, 계속해서 이 결과에 $\dfrac{\partial}{\partial \bar{z}}$ 를 시행하면,

$$\begin{aligned} 0 &= f_z \cdot (\bar{f})_{\bar{z}} = f_z \cdot \overline{f_z} \\ &= |f_z|^2 \end{aligned}$$

를 얻는다. 이로부터 $D(p,r)$의 모든 점에서 $f_z = 0$를 얻는다. f가 온함수이므로 $f_{\bar{z}} = 0$ 는 당연하고, 따라서 $f_x = 0 = f_y$가 $D(p,r)$의 모든 점에서 성립하게 되어 f가 상수함수라는 결론을 얻는다. □

이제 이 마디의 중심 정리를 소개한다.

정리 4.3.2 (최대 절대값 원리) **만약 영역 U 위에 정의된 $f\colon U \to \mathbb{C}$가 온함수이고 상수함수가 아니라면 $|f|$는 U 안에서 극대점을 가지지 아니한다.**

증명. $|f|$ 가 점 $p \in U$ 에서 극대값을 가진다고 가정하자. 영역 U가 열린 집합이므로, 조건 $E(p,r) \subset D(p,2r) \subset U$를 만족시키는 양수 r을 택하기로 하자. 이제 아래의 두 경우를 각각 고려하여 증명을 진행하려 한다.

(i) $|f(z)| = |f(p)|, \ \forall z \in D(p,r)$.

(ii) $|f(q)| < |f(p)|$ 를 만족시키는 $q \in D(p,r)$가 존재한다.

첫 번째 경우에는 함수 $|f|$가 $D(p,r)$ 위에서 상수함수가 되기 때문에 바로 앞의 도움정리 4.3.1에 의해 f가 $D(p,r)$ 위에서 상수함수가 되고, 계속해서 여기에 온함수의 유일확장성 원리

(정리 3.3.2)를 적용하면 f가 영역 U 전체에서 상수함수가 된다. 이것은 가정에 모순이 되므로 첫 번째 경우는 성립할 수 없다.

$|f(q)| < |f(p)|$가 성립하는 두 번째 경우에는, 조건 $0 \leq t \leq 2\pi$을 만족하는 변수 t에 의존하는 함수 $k(t) := |f(p + se^{it})|$를 생각한다. $s = |p - q|$ 로 두면 $s < r$ 가 성립하고, 또 적절한 수 $t_0 \in [0, 2\pi]$ 에 대하여 $q = p + se^{it_0}$ 가 성립한다. 이제 $\epsilon = (|f(p)| - k(t_0))/2$ 라고 두면 ϵ은 양수이다. 한편, $k\colon [0.2\pi] \to \mathbb{R}$가 연속함수이기 때문에, t_0를 포함하며 δ 를 길이로 가지는 구간 A가, 함수 k의 정의구역인 구간 $[0, \pi]$ 안에서 부등식 조건

$$|k(t) - k(t_0)| < \epsilon, \quad \forall t \in A$$

를 항상 만족시키게 해 주는 양수 δ 가 존재한다. 결론적으로 이 구간 A에 속하는 임의의 t에 대해서 부등식

$$|f(p + se^{it})| < |f(p)| - \epsilon$$

가 항상 성립한다.

이제, 온함수의 평균값 원리 (정리 2.5.6)를 적용하면 ,

$$\begin{aligned} |f(p)| &= \left| \frac{1}{2\pi i} \int_0^{2\pi} f(p + se^{it}) dt \right| \\ &\leq \frac{1}{2\pi} \int_0^{2\pi} |f(p + se^{it})| dt \end{aligned}$$

를 얻는다. 계속해서, 마지막 적분식을 분리하고 추론해 나가면

$$
\begin{aligned}
|f(p)| &\le \frac{1}{2\pi}\int_0^{2\pi} |f(p+se^{it})|dt \\
&= \frac{1}{2\pi}\int_A |f(p+se^{it})|dt \\
&\qquad\qquad + \frac{1}{2\pi}\int_{[0,2\pi]\setminus A} |f(p+se^{it})|dt \\
&\le \frac{1}{2\pi}\int_A (|f(p)|-\epsilon)dt + \frac{1}{2\pi}\int_{[0,2\pi]\setminus A} |f(p)|dt \\
&= \frac{1}{2\pi}\int_0^{2\pi} |f(p)|dt - \frac{1}{2\pi}\int_A \epsilon\, dt \\
&= |f(p)| - \frac{\delta\epsilon}{2\pi}
\end{aligned}
$$

를 얻게 되고, 이로부터 $0 \le -\frac{\delta\epsilon}{2\pi} < 0$ 라는 또 다른 모순에 도달하게 된다. 따라서 두 번째 경우도 성립할 수 없음을 알 수 있고, 따라서 원하던 증명이 완결된다. □

일반위상수학으로 잠시 마실 나감

이 마디에서 집합이라는 용어는 복소 평면 $\mathbb{C}$의 부분집합만을 의미하기로 한다.

집합 A가 주어졌다고 하자. 닫힌 부분집합 B가 아래 두 조건

(1) $B \supset A$.

(2) A를 포함하는 임의의 닫힌 집합 C에 대해서는 $B \subset C$

를 만족시키면, B 를 A의 **닫힘** (closure)이라고 부른다.[1] 보통은 기호 $\overline{A}$ 또는 $\mathrm{cl}\,(A)$ 로 표시한다.

집합 A의 **닫힘** 집합은 A를 포함하는 닫힌 집합 모두의 공통부분과 같다는 것도 잘 알려져 있다. 열린 원반 $D(p,r)$의 닫힘 집합은 물론 닫힌 원반 $E(p,r)$이다.

대조되는 개념은 **내부** (속, interior)가 되겠다. 복소 평면의 부분집합 A 에 속하는 점 p가 적절한 양수 r에 대하여 조건 $D(p,r) \subset U$ 를 만족시키면 p를 A의 **내부점, 또는 안점** (interior point) 이라고 부른다. **집합 A의 내부(속,** the interior of the set A는 **집합 A의 모든 안점이 이루는 집합**으로 정의된다. 기호로는 A° 또는 $\mathrm{int}\,(A)$ 등을 쓰는 것이 보통이다.

집합 A의 내부는 그러므로 열린 집합 U 로서 아래 두 조건

(1) $U \subset A$.

(2) A에 포함되는 임의의 열린 집합 C에 대해서는 $C \subset U$.

를 만족시키는 것으로 정의된다. 그리고 A의 속/내부는 A에 포함되는 열린 집합 모두의 합집합과 같다. 물론 이것도 잘 알려져 있다.

집합 A의 **경계점** (갓점, boundary point)이란 $\mathbb{C}$의 점 p 중에서 어떠한 양수 r에 대해서도 두 집합 $A \cap (D(p,r) \setminus \{p\})$과 $(\mathbb{C} \setminus A) \cap D(p,r)$ 중 어느 하나도 $\varnothing$ (공집합) 이 되지 않는

---

[1] 대한수학회 용어집의 추천 용어는 '폐포' 인데, 한자어 閉包의 음역으로 보인다. 이런 용어가 요즘 세대에게 잘 받아들여질지 모르겠다는 생각을 지우기 어려워, 필자는 "닫힘"을 쓰기로 했다.

것을 말하고, 집합 A의 **경계** (boundary)는 A의 모든 갓점/경계점으로 이루어진 집합을 말하고, 기호 ∂A로 표시한다.

유계 영역 U의 닫힘 집합 (closure)은 $U \cup \partial U$와 일치한다.

집합 A가 적절한 양수 R에 대하여 조건 $A \subset D(0, R)$ 을 만족시키면, A를 **유계 집합** (bounded set)이라고 부른다. 이쯤에서 우리가 앞으로 자주 사용할 정리를 소개한다.

> **정리 4.3.3 복소 평면 안에 있는 닫힌 유계 집합은 옹근 집합이고, 옹근 집합 K 위에 정의된 실수 값을 가지는 연속함수 $f\colon K \to \mathbb{R}$는 반드시 조건 $f(p) \geq f(z), \forall z \in K$ 를 만족시키는 점 $p \in K$ 를 가지며, 또 조건 $f(q) \leq f(z), \forall z \in K$ 를 만족시키는 점 $q \in K$를 가진다.**

이 경우, 실수값 $f(p)$는 함수 f의 **최대값** (maximum), $f(q)$는 **최소값** (minimum)이라고 부른다.

덧붙여, 복소 평면 안에 있는 닫힌 유계 부분집합은 위상수학에서 말하는 **옹근 집합** (compact set) 이다.[2] 옹근 집합에 대한 보다 일반적인 정의는 지금 필요하지 않기에 여기 논의하지 않지만, 용어만 소개해 둔다. ♣

본론으로 돌아왔다! 최대 절대값 원리의 변신

앞서 소개한 최대 절대값 원리 (Maximum Modulus Principle)는 보다 자주 인용되는 아래 정리를 도출시킨다.

---

[2]유명한 하이네·보렐 정리 (Heine-Borel Theorem) 의 일부이다.

정리 4.3.4 유계 영역 U의 닫힘 집합 $\mathrm{cl}\,(U)$ 위에서 정의된 연속함수 $f\colon \mathrm{cl}\,(U) \to \mathbb{C}$가 U 에 국한시킨 함수 $f|_U : U \to \mathbb{C}$ 가 온함수이면, 절대값 함수 $|f|$는 영역 U의 경계 $\partial U := \mathrm{cl}\,(U) \setminus U$ 에서 최대값을 가진다.

정리 4.3.5 유계 영역 U 위에 정의된 두 온함수 f, g가 각각 $\mathrm{cl}\,(U)$까지 연속함수로 확장되는 경우 두 함수의 함수값이 모든 경계점 각각에서 일치하면, 두 함수는 U 위의 모든 점 각각에서도 일치한다.

첫 번째 정리의 증명은 자명하다. 두 번째의 증명을 위해서 $h = f - g$라고 두면, h도 $\mathrm{cl}\,(U)$ 위에서 연속이며 U 위에서는 온함수이고 경계 집합 ∂U 위에서는 상수함수 0이다. 이제, 첫 번째 정리에 의해 $\mathrm{cl}\,(U)$ 위에서 $|h|$의 최대값이 0이어야 하므로, $h\colon \mathrm{cl}\,(U) \to \mathbb{C}$는 0함수일 수밖에 없다.

4.4 코시 적분정리의 응용, 선적분 계산 기법 맛보기

선적분의 계산 문제를 예로 들어 보자.

보기 4.4.1 -2에서 출발하여 x-축을 따라 오른쪽으로 이동하여 점 $+2$ 까지 직선분을 그리다가, 점 $+2$ 에서부터는 반시계 방향으로 단위원을 따라 이동하며 점 $2i$를 통과하고 계속해서 단위원을 따라 이동하여 점 -2 에 도착하면 멈추는 곡선을 α 라고 하자.

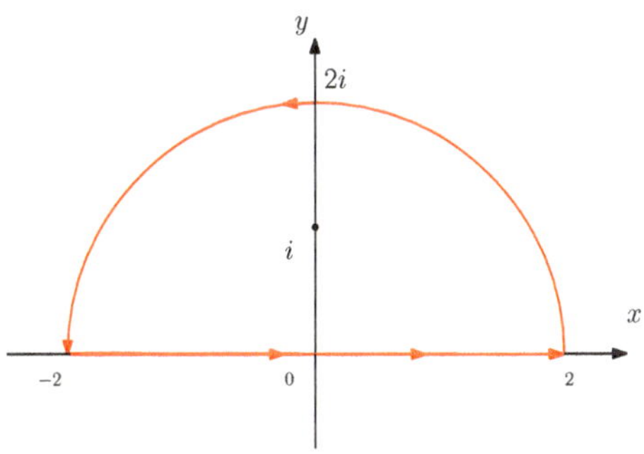

그림 4.1: 반시계 방향 반원 곡선

이 곡선을 매개변수 방정식으로 표현한다면

$$\alpha(t) = \begin{cases} -2+8t & (0 \le t \le \frac{1}{2}) \\ 2e^{i(2t-1)\pi} & (\frac{1}{2} \le t \le 1) \end{cases}$$

로 쓸 수 있겠고, 정의구역이 폐구간 $[0,1]$ 이고 치역이 복소평면

$\mathbb{C}$ 인 꺾인 C^1 단순 폐곡선이 되겠다. 이제 선적분

$$A = \int_{\alpha} \frac{e^{iz} + z^2 - 1}{z^2 + 1} dz$$

의 값을 계산할 수 있겠는가?

정의를 따라 계산하기 위해 선적분을 정리하면

$$\begin{aligned} A = &\int_0^{\frac{1}{2}} \frac{e^{i(8t-2)} + (8t-2)^2 - 1}{(8t-2)^2 + 1} \cdot 8\, dt \\ &+ \int_{\frac{1}{2}}^1 \frac{e^{2ie^{i(2t-1)}} + 4e^{2i(2t-1)} - 1}{4e^{4it-2i} + 1} \cdot 4ie^{2it-i} dt \end{aligned}$$

을 얻는다. "윽!" 이라는 느낌을 받는 독자의 심정에 격하게 공감할 만하다. 그런데 이 시점에서 $\cdots$

$$A = \pi \cdot (e^{-1} - 2)$$

가 답이고 이것을 얻는 것은 그리 어렵지 않다는 말까지 덧붙이면 독자는, 저자의 어느 친구처럼, 크게 놀라며

"아, 이것은 $\cdots$ 정녕 '수학자의 마술' 이란 말인가?"

라고 탄식할 것인가? 아니면 비결을 알고 싶어 할 것인가?

비결(!)을 설명하려고 한다.

우선 피적분함수의 분자 $e^{iz} + z^2 - 1$는 복소평면 전체에서 온함수, 그러므로 완전함수라는 것은 금방 알 수 있다. 한편 분모는

$$z^2 + 1 = (z - i)(z + i)$$

인데, $-i$가 곡선 α와 그 내부가 이루는 집합을 포함한 조금 더 큰 열린 집합 (U라고 부르기로 하자. 그리고 그림을 참조하자.)에 들어가지 않으므로

$$f(z) = \frac{e^{iz} + z^2 - 1}{z + i}$$

는 U 위에 정의된 온함수이다. 그리고

$$A = (2\pi i) \cdot \frac{1}{2\pi i} \int_\alpha \frac{f(z)}{z - i} dz$$

이므로 코시 적분공식 (정리 2.5.1)에 의해

$$A = 2\pi i f(i)$$

가 되어야 한다. 이것을 계산하면 위에 제시했던 답이 나온다.

이번에는 조금 다른 예를 들어 보자.

보기 4.4.2 곡선 α는 바로 앞 보기에서 사용한 것을 그대로 쓰기로 하고 조금 다른 선적분

$$B = \int_\alpha \frac{z^3 e^z + z}{(z - i)^3} dz$$

를 계산해 보기로 하자. 매개변수 방정식을 대입하여 계산하려는 불가능에 가까운 시도는 아예 하지 않겠다. 오히려 코시 적분공식을 사용하려고 하는데, 이번에는 $f(z) = z^3 e^z + z$ 로 두겠다. 이 함수는 완전함수이므로 당연히 U 위에서 온함수가

된다. 그러면,

$$\begin{aligned}\frac{2!B}{2\pi i} &= \frac{2!}{2\pi i}\int_{\alpha}\frac{f(z)}{(z-i)^3}dz\\ &= f''(i)\\ &= (6i-6-i)e^i\end{aligned}$$

를 얻고, 이로부터 $B = \pi(-5-6i)e^i$ 를 얻는다.

지금까지 든 보기 2개는 모두 분모가 0이 되는 점이 하나인 (중근인 경우라 하더라도) 경우였다. 2개 이상의 0점이 있는 경우에는 어떻게 하면 될까? 다음 예를 보기로 하자.

보기 4.4.3 이번에는 네 개의 점 $-10-10i, 10-10i, 10+10i, -10+10i$을 꼭지점으로 가지는 사각형을 따라 반시계 방향성을 가지도록 하는 단순 폐곡선을 그리고 이를 β로 이름 붙이기로 하자. 이제 선적분

$$C = \int_{\beta}\frac{z^2e^z}{(z^2-1)(z+i)}dz$$

의 값을 계산해 보자.

이 경우에 문제가 되는 점들은 분모의 0점들인데, 그것들은

$$z = -1, 1, -i$$

의 세 점이고 분모는 $(z+1)(z-1)(z+i)$와 같다. 이제 주어진 사각형을 세 개의 직선 $x = -\frac{1}{2}$, $x = \frac{1}{2}$, 그리고 $y = -\frac{1}{2}$를 이용하여 사각형을 6개로 나누고 작은 사각형들도 모두 각각 반

시계 방향성을 가지도록 하면 서로 반대방향성을 가지면서 같은 궤적을 따라 시행하는 선적분이 서로 상쇄되는 성질 (2.2.3 참조 바람) 때문에 C는 이 여섯개의 사각형 곡선을 따라 시행하는 선적분 여섯 개의 합과 같다.

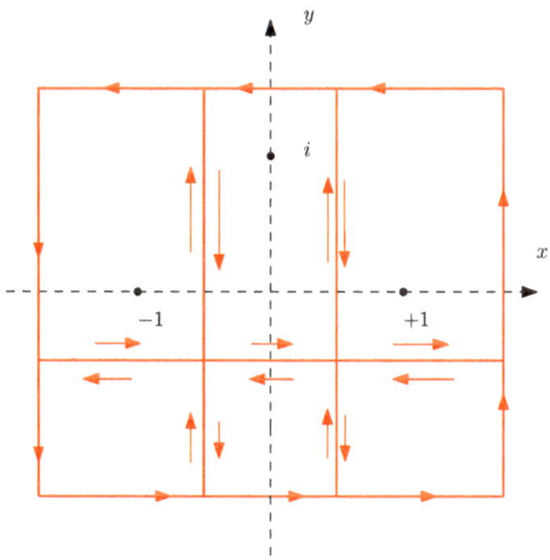

한편, 직선 $y = -\frac{1}{2}$의 아래에 위치한 사각형 세 개를 따라 시행한 선적분의 값은 각각 다 0이 되는데, 그것은 코시 소멸정리의 결과이다. (사실은 이런 이유 등등 때문에 사각형 곡선 3개로 나누면 충분하지만, 그냥 좀 쓸데 없이 여러 개로 나누어 보았다.) 또 다른 한 편, 직선 $y = -\frac{1}{2}$의 위쪽에 위치한 세 개의 사각형을 따라 시행한 선적분은 위에서 설명한 선적분의 계산방법인 코시 적분 공식을 응용하면 비교적 쉽게 그 값을 얻는다. 그 각각의 값은

(1) $z = -1$을 포함하는 사각형의 경우: $2\pi i \cdot \frac{e^{-1}}{(-2)(-1+i)}$.

(2) $z = 1$ 을 포함하는 사각형의 경우: $2\pi i \cdot \frac{e}{2(1+i)}$.

(3) $z = i$를 포함하는 사각형의 경우: $2\pi i \cdot \frac{-e^i}{-2}$.

등으로 주어지므로 이 세 값을 더하면 C의 값이 나온다. 상세한 계산을 해 보고 결과를 확인하는 것은 독자를 위한 연습문제로 돌린다.

이제까지, 특수한 경우이지만 이를 일반화시켜 이론으로 발전시키기 좋은 대표적인 보기를 몇 개 소개하였고, 이로써 코시 적분정리가 얼마나 유용할 수 있는지 가능성을 보여 주었다. 이를 조금 더 다듬고 공식을 붙인 이론이 **나머지 정리** (Residue Theorem)라는 이름으로 잘 알려져 있다. 이 정리의 증명과 사용법, 그리고 응용 등은 다음 장에서 보다 자세히 다루기로 하고, 지금은 이 정도에서 멈춘다.

4.5 온함수의 변환작용, 기본 변환 몇 가지

온함수는 물론 영역 U의 점들을 복소평면의 점들에 대응시키는 대응관계이다. 영역 U 안에 있는 도형이란 것도 점들로 이루어진 집합이고, 온함수가 이런 도형에 속한 점들 각각을 복소 평면에 속한 (또 다른) 점들에 각각 대응시키기 때문에, 이런 작용의 결과로 온함수 변환이 원래 도형을 다른 도형으로 바꾸어 놓는 것을 보게 된다. 이런 과정을 보통 (도형의) "변환 (transform)" 이라고 부르는데, 이런 관점으로 보면 온함수도 변환의 일종이겠다. 한편, 온함수는 함수 중에서도 특별한 성질을 많이 가지고 있으니까, 온함수가 제공하는 변환도 특별한 성질이 있을 것이라고 기대하는 것은 자연스럽다. 여기에서는 이런 기대에 대하여 조금 더 설명해 보려고 한다.

4.5.1 등각 변환 특성

영역 U 위에 정의된 $f: U \to \mathbb{C}$가 온함수라고 하자. 매끄러운 곡선 $\alpha, \beta: (-r, r) \to U$가 점 $p \in U$에서 만난다고, 특히 매개변수를 조정하여 $\alpha(0) = p = \beta(0)$ 라고 하자. 그러면

$$(f \circ \alpha)'(0) = f'(\alpha(0))\alpha'(0) = f'(p)\alpha'(0)$$
$$(f \circ \beta)'(0) = f'(\beta(0))\beta'(0) = f'(p)\beta'(0)$$

를 얻으며, 특히 $f'(p) \neq 0$ 인 경우에는, 복소 로그의 정의와 기본 성질로부터

$$\begin{aligned}
&\arg(f\circ\alpha)'(0) - \arg(f\circ\beta)'(0)\\
&\quad= \big(\log(f\circ\alpha)'(0) - \ln|(f\circ\alpha)'(0)|\big)\\
&\qquad - \big(\log(f\circ\beta)'(0) - \ln|(f\circ\beta)'(0)|\big)\\
&\quad= \big(\log f'(p) + \log\alpha'(0) - \ln|f'(p)| - \ln|\alpha'(0)|\big)\\
&\qquad - \big(\log f'(p) + \log\beta'(0) - \ln|f'(p)| - \ln|\beta'(0)|\big)\\
&\quad= \big(\log\alpha'(0) - \ln|\alpha'(0)|\big) - \big(\log\beta'(0) - \ln|\beta'(0)|\big)\\
&\quad= \arg\alpha'(0) - \arg\beta'(0)
\end{aligned}$$

를 얻는다. 즉 방향성까지 고려한 두 곡선의 편각의 차이가 보존된다는 사실을 알게 되었다. 이와 같이 방향성과 편각의 크기를 보존하는 변환은 일반적으로 **등각 변환** (conformal transformation; **等角變換**) 이라고 부른다. 위의 이론 전개는 미분이 0 이 아니면 어느 점에서나 온함수가 등각 변환임을 보여 준다.

이 현상에 대해 조금은 더 정확하게 서술할 필요가 있어 보인다. 교차하는 매끄러운 두 곡선이 이루는 각은 곡선의 접벡터들의 (이들 접벡터들도 복소수이므로 0이 아닌 경우라면 각각 편각을 가진다!) 편각의 차를 말한다. 따라서, 지금까지의 이론 전개로부터 아래 정리가 추론된다.

정리 4.5.1 (온함수의 편각 보존성) **복소 평면에 있는 점** p **를 포함하는 열린 집합에서 정의된 온함수** f **가 조건** $f'(p) \neq 0$**를 만족시키면, 변환으로서 이 함수는 점** p**에서 교차하는**

두 곡선이 이루는 각과 방향성을 모두 보존한다. 즉 이 함수가 변환시킨 두 곡선이 점 $f(p)$에서 교차하며, 이들이 이루는 각과 방향성은 원래 두 곡선이 이루는 각과 방향성과 같다.

등각 변환 특성은 (평면) 유체 역학, (평면) 전자기학, (평면) 열역학 등의 기본 모델로서 온함수가 상당한 역할을 하게 되는 이유가 된다. 잘 알려진 모형과 응용이 있다. 하지만 여기에서는, 응용에 관하여 더 이상 다루지 아니한다. 관심 있는 독자들은 다른 문헌에서[3] 배우시기 바란다.

4.5.2 $f(z) = z^a$ 변환

양수 a에 대하여 함수/변환 $w = z^a$를 생각하자. 특히 점 $z = 0$를 지나는 두 직선 $\alpha(t) = te^{i\theta}$, $\beta(t) = te^{i\psi}$ 를 생각하자. 여기에 등장한 θ, ψ 는 실수이며, 두 직선의 방향을 정의하는 편각 (argument)이다.

그러면 $f \circ \alpha(t) = t^a e^{ia\theta}$ 이고 $f \circ \beta(t) = t^a e^{ia\psi}$ 가 되므로, 두 곡선이 이루는 각은 편각의 차이인 $a(\theta - \psi)$ 가 된다. 따라서 변환된 곡선은 직선이지만 두 곡선이 이루는 각은 a 배가 되었다.

각이 변했으니 등각 성질이 깨진 것인가? 그렇기도 하고 그렇지 않기도 하다. $f'(0)$ 은 정의가 되지 않을 수도 있고 ($0 < a < 1$ 인 경우), 0이 아닐 수도 있고 ($a = 1$인 경우, 0일 수도 있다 ($a > 1$인 경우). $a = 1$인 경우에는 당연히 $f(z) = z$는 온함수

[3]E. Kreyszig, “Advanced Engineering Mathematics” 의 복소함수론 부분을 추천한다.

이며, $f'(0) = 1 \neq 0$ 이고 두 곡선이 이루는 각이 보존되는 것도 당연하다.

그렇다면 왜 이런 변환을 소개하는 것일까? 우선 복소평면에

$$V := \{z = re^{i\theta} : r > 0, 0 < \theta < \frac{\pi}{3}\}$$

로 정의된 영역 V를 생각해 보자. 이 영역은 실수축인 x 의 양수들로 이루어진 반직선과 이를 60도 회전시킨 반직선 사이에 들어 있는 점들로 이루어져 있다. 이 영역에 변환 $f(z) = z^{\frac{3}{2}}$ 를 적용해 보면, 변환된 영역

$$\tilde{V} := f(V) = \{z = re^{\varphi} : r > 0, 0 < \varphi < \frac{\pi}{2}\}$$

를 얻게 된다. 두 반직선이 원점에서 이루는 각은 변화했지만, 이 함수는 사실

$$f(z) = z^{\frac{3}{2}} = e^{\frac{3}{2}\log z}$$

이고 V 위에서는 $0 < \arg z < \frac{\pi}{3}$ 가 성립하므로 $\log z = \mathrm{Log}\, z$ 도 성립하며, 따라서 $f\colon V \to \mathbb{C}$는 잘 정의된 온함수일 뿐 아니라 미분값이 0이 되는 점이 없고, 실제로 단사함수이기도 하다. 그리고 $\tilde{V}$ 위에 정의된 역함수 $f^{-1}(w) = w^{2/3}$ 역시 잘 정의된 온함수이다. 그러므로 $f\colon V \to \tilde{V}$는 1대 1 대응 온함수가 된다.[4]

한편, 이 함수 f 는 원점에서도 정의가 되는데, (하지만 $0 \notin V$ 에 주의!) 원점에서는 등각 변환성이 없지만, 정의구역 V 안에

---

[4]이와 같이 온함수가 역함수를 가지며 역함수도 온함수인 경우에는 이를 **양방향 온함수** (biholomorphic function) 또는 **온함수 동형** (holomorphic equivalence) 이라 부른다.

있는 점 각각에서는 항상 f 가 등각 변환성을 유지한다는 점을 확인하기 바란다.

> **정의 4.5.1 (등각 동형)** 복소평면 위의 두 영역 $U, \tilde{U}$에 대하여 $f\colon U \to \tilde{U}$가 온함수이고, 역함수 $f^{-1}\colon \tilde{U} \to U$가 존재하고 또 온함수이면, f를 양방향 온함수 (biholomorphic function) 또는 **온함수 동형** (holomorphic equivalence) 이라 부르고, 두 영역 $U, \tilde{U}$ 가 서로 **온함수 동형** (holomorphically equivalent), 또는 전통을 따라 **등각 동형** (conformally equivalent, 또는 단순히 conformal) 관계에 있다고 말한다.

보기 4.5.1 위에서 토론했던 $w = z^{3/2}$는 영역 V 와 $\tilde{V}$ 가 서로 등각 동형 관계에 있음을 보여주는 온함수 동형이었다. 이번에는 함수 $f(z) = z^2$의 정의구역을 영역 $Q_1 := \{x+iy\colon x > 0, y > 0\}$로, 치역을 $H := \{x+iy\colon y > 0\}$로 두자. ($H$는 보통 **위쪽 반평면** (upper half plane), Q_1은 **제1 사분면** (the first quadrant)이라고 부른다. 그러면 $f\colon Q_1 \to H$는 온함수 동형이며, 두 영역, Q_1과 H는 서로 등각 동형 관계에 있다. f의 역함수는 물론 $z = w^{\frac{1}{2}}$ 인데 엄밀한 정의와 증명은 독자 스스로 구성해 보기 바란다.

4.5.3 $f(z) = az + b$ 변환 ($a \neq 0$)

1차 변환(affine linear transformation) 이라는 이름을 가진 이 함수는 완전함수이고, 역함수는 $f^{-1}(w) = \frac{w}{a} - \frac{b}{a}$ 이며, 역시

완전함수이다. 기하학적으로 $g(z) = az$ 는 편각을 a의 편각만큼 z를 회전시키고 원점에서의 거리를 $|a|$ 배로 바꾼다. [5]

계속해서 $h(z) = z + b$는 z를 b 만큼 평행이동시키는 변환이다. 그리고 $f = h \circ g$ 이므로 $f(z) = az + b$ 변환은 회전이동과 축척 변화 이후 평행이동에 해당하는 온함수 동형 변환, 즉 등각 변환이다.

4.5.4 리만 구면, 입체 사영함수, 복소 평면의 무한점

이번에는 실수 3차원 공간, 즉 미적분학에서 xyz 공간으로 부르는 $\mathbb{R}^3$ 를 생각하기로 하자. 이 공간은 3개의 서로 수직인 좌표축 x축, y축, z축이 있고 각 좌표의 이름도 x, y, z이며 이들 변수는 모두 실변수이다. 복소수 표현과 혼동이 있을 수 있으므로 우리는 실수축의 기호를 바꾸어 x_1, x_2, x_3로 쓰도록 하겠다.

이제 공간 $\mathbb{R}^3$의 두 부분집합을 소개한다.

(1) 복소 평면 $\mathbb{C} := \{(x_1, x_2, 0) \colon x_1, x_2 \in \mathbb{R}\}$. 물론 우리는 $z = x_1 + ix_2 = (x_1, x_2) = (x_1, x_2, 0)$ 등으로 기호를 혼용하려고 하는데 특히 혼동 가능성이 발생하면 설명을 붙일 것이다.

(2) 단위구 $S^2 := \{(x_1, x_2, x_3) \in \mathbb{R}^3 \colon x_1^2 + x_2^2 + x_3^2 = 1\}$.

---

[5] 어떤 서양 문화권의 저자는 이런 현상을 가리켜 "amplitwist" 라는 신조어를 동원하여 표현하기도 하였는데, 그것도 재미와 의미 등이 있어 보이지만 필자는 굳이 그런 표현을 써야 할 필요성을 느끼지 못하였다. 한편, $|a| < 1$ 인 경우에는 "$|a|$ 배로 줄인다." 로 써야 한다는 지적을 하는 것도 들었으나, 그 표현에 수학적으로 오류가 있을 가능성이 있기에, 이 책에서는 그냥, '바꾼다.' 라는 표현을 쓰기로 한다.)

점 $P = (0,0,1)$ 를 고정하자. 이제 점 $X := (x_1, x_2, x_3) \in S^2 \setminus P$를 선택한 다음, P에서 출발하여 X를 통과하는 반직선이 $\mathbb{C}$와 만나는 점을 $W = F(x_1, x_2, x_3)$ 라 두면,

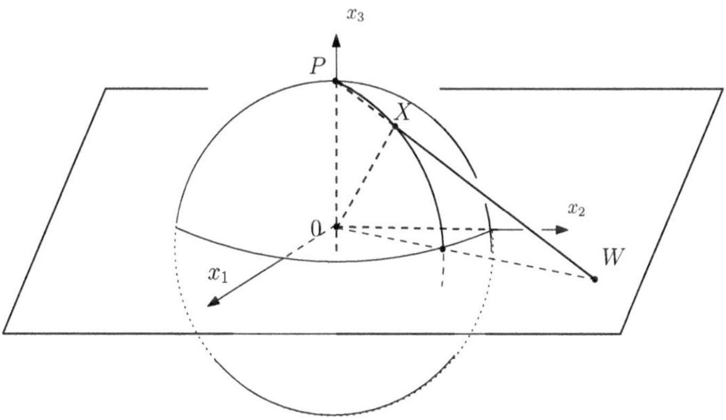

그림 4.2: 입체 사영 (Stereographic Projection)

$F(x_1, x_2, x_3) = u + iv = (u, v) = (u, v, 0)$를 만족시키는 u, v를 각각 x_1, x_2, x_3를 사용하여 표현할 수 있어야 하고, 또 역으로 x_1, x_2, x_3를 u, v로 표현하는 것도 가능하겠는데, 이 모두를 직접 계산해 보기로 하자.

실수 r에 의해 $W - P = r(X - P)$이 성립해야 한다. 이는 곧

$$(u, v, -1) = r(x_1, x_2, x_3 - 1)$$

를 의미하는데, 세 번째 좌표를 비교하는 데에서 출발하여

$$r = \frac{1}{1 - x_3}, \; u = \frac{x_1}{1 - x_3}, \; v = \frac{x^2}{1 - x_3}$$

을 얻는다. 그러므로 $F\colon S^2 \setminus P \to \mathbb{C}$는

$$F(x_1, x_2, x_3) = \frac{x_1 + ix_2}{1 - x_3} \tag{4.2}$$

로 표현된다. 이번에는 역함수 계산을 해 보자. 즉, x_1, x_2, x_3를 각각 u, v로 표현해야 한다. 물론 $x_1^2 + x_2^2 + x_3^2 = 1$ 라는 조건이 유용하다. 직접 계산에 의해 (귀띔: $1 + u^2 + v^2 = \frac{1}{(1-x_3)^2}(2(1 - x_3))$ 이고 $x_3 \neq 1$ 을 이용해 보아라.)

$$\begin{aligned} &F^{-1}(u + iv) = \\ &\quad \Big(\frac{2u}{1 + u^2 + v^2}, \frac{2v}{1 + u^2 + v^2}, \frac{-1 + u^2 + v^2}{1 + u^2 + v^2}\Big) \end{aligned} \tag{4.3}$$

을 얻게 된다. 이 마지막 식을 얻는 계산은 연습문제로 돌린다.

지금 구성한 변환 F는 **입체 사영함수** (stereographic projection)이라고 부르는 유명한 함수인데, 놀랍게도(?) 등각 변환성을 가진다는 사실이 알려져 있다. 이 함수는 물론 복소 평면 위에 정의된 함수가 아니므로 이 책의 앞 부분에 소개한 의미의 온함수가 될 수는 없다. 그러나, 이 상태로도 등각 변환성 개념은 정의할 수 있으며, 실제로 이 함수가 등각 변환성을 가진다는 사실이 복소함수론의 개발 시기 이전에 이미 알려져 있었다![6] 그렇다면 복소 평면은 $S^2 \setminus \{P\}$와 "동일시" 해도 좋은 것 아닌가? 실제로 그러하며, 이에 관한 이론도 정립되어 있는데[7] 더 자세한

---

[6]위키피디아 등에서 "stereographic projection" 관련 기사를 검색해 보기를 추천한다.

[7]사실 이런 관점에서 재구성된 구면 S^2 와 같은 대상은 **리만 곡면** (Riemann surface) 이라고 부르는 복소 1차원 복소다양체인데, 특히 S^2 는 **리만 구면**

내용은 여기에서 토의하지 않지만, 일단 이런 관점에서, 복소 평면에 무한대 점을 하나(!) 더한 **확장된 복소 평면** (Extended complex plane) $\mathbb{C}_\infty := \mathbb{C} \cup \{\infty\}$를 소개하고 이와 동일시하는 리만 구면 모형을 마음속에 저장해 두도록 하자.

4.5.5 일차분수 변환, 뫼비우스 변환

이번에는 **1차분수 변환** (linear fractional transformation)이라는 이름을 가진 함수

$$f(z) = \frac{az+b}{cz+d}$$

에 대해 토의하려고 한다. 우선 이 함수가 상수함수가 되지 않게 하기 위해 조건

$$ad - bc \neq 0$$

라는 조건을 더한다. 이 조건은 두 벡터 $(a,b), (c,d)$가 실수 r, s가 동시에 0이 되지 않는다면 $r(a,b) \neq s(c,d)$ 라는 조건과 논리적으로 동치관계에 있다.[8] 따라서 위 조건 $ad - bc \neq 0$와 f가 상수함수가 아니라는 조건은 논리적으로 같다.

이제 이 함수를 분해해 보기로 하자. 우선 $c = 0$인 경우에는 $d \neq 0$ 이어야 하고, 이 함수는 1차 변환이 된다. $c \neq 0$의 경우

(Riemann sphere) 라고 부르는 대상이다.

[8]널리 알려진 수학적 표현이라서 저자도 이렇게 썼다. 조건 하나가 참인 경우 다른 하나도 그러하고, 거짓인 경우 다른 하나도 그러하다는 뜻인데, 참과 거짓이라는 논리값 대응관계가 같다는 말이므로, 지금부터 이 책에서는 이런 표현보다는 "논리적으로 같다." 라는 표현을 쓰려고 한다.

에는

$$f(z) = \frac{a}{c} + \frac{bc - ad}{c} \cdot \frac{1}{cz + d}$$

이므로 다섯 개의 함수

$$f_1(z) = cz,\ f_2(z) = z + d,\ f_3(z) = \frac{1}{z},$$
$$f_4(z) = \frac{bc - ad}{c} z,\ f_5(z) = z + \frac{a}{c}$$

에 의해

$$f = f_5 \circ f_4 \circ f_3 \circ f_2 \circ f_1$$

로 분해된다. 이 중 f_3를 제외하면 모두 1차변환이어서 이들의 성질은 앞에서 이미 토의했기에 변환으로서 f_3의 작용에 대해 논의해 보기로 한다. 복소 평면 안에 있는 직선의 방정식은 실수 계수 A, B, C를 가지는 방정식

$$Ax + By = C$$

또는

$$(A + iB)(x + iy) + (A - iB)(x - iy) - 2C = 0$$

로 주어지고, 원의 방정식은

$$x^2 + y^2 + Ax + By = C$$

또는

$$|x+iy|^2 + 2\mathrm{Re}\,\big((A+iB)(x+iy)\big) + 2C = 0$$

로 주어진다. 그러므로 직선과 원의 방정식은 실수계수 R, C 와 복소수 계수 α 를 가지는 방정식

$$R|z|^2 + 2\mathrm{Re}\;\alpha z + 2C = 0 \tag{4.4}$$

로 통합된 표현을 가진다. ($R = 0$ 이면 직선의 방정식이 되겠다.) 이제 변환 $w = 1/z$ 를 사용하면 위 방정식은

$$\frac{R}{|w|^2} + 2\,\mathrm{Re}\;\frac{\alpha}{w} + 2C = 0$$

로 바뀌는데, 이는 곧

$$R + 2\,\mathrm{Re}\;(\bar{\alpha} w) + 2C|w|^2 = 0 \tag{4.5}$$

로 정리되는데, 이 방정식 역시 원 또는 직선을 표현한다. 원 또는 직선은 1차변환을 통해 다시 또 원 또는 직선으로 변환되는 것이 당연하므로, 이제까지의 토의를 종합하여 아래 정리를 얻는다.

정리 4.5.2 복소 평면 안에 있는 원 또는 직선은 1차 분수 변환을 통해 원 또는 직선으로 변환된다.

1차 분수변환이 $w = az + b$ $(a \neq 0)$ 형태의 1차 변환들과 분수변환 $w = \frac{1}{z}$ 들의 합성함수로 표현된다는 점은 특별하다. 위의 정리 외에도 아래 사실을 알 수 있기 때문이다.

정리 4.5.3 1차 변환 $w = \dfrac{az+b}{cz+d}$, $(ad-bc \neq 0)$**는 확장된 복소 평면** $\mathbb{C} \cup \{\infty\}$**에서 자기 자신으로 대응시키는 전단사 함수** (bijective function)**이다.**

한편, 1차 분수 변환을 결정지으려면 4개의 계수, 즉, $f(z) = \dfrac{az+b}{cz+d}$, $(ad-bc \neq 0)$의 경우에는 a, b, c, d를 정하면 된다. 그러나 조건 $ad-bc \neq 0$ 때문에 0이 아닌 계수가 반드시 있어야 한다. 따라 그 계수로 분자와 분모를 동시에 나누면 넷 중 하서나의 계수가 1이 되므로, 결정해야 할 계수는 실질적으로 3개임을 알 수 있다. 그러므로 1차 분수 변환을 결정하기 위해서는 계수에 관한 방정식을 3개 얻으면 된다. 이를 위해서 보통은 세 개의 서로 다른 복소수를 $f(0), f(1), f(\infty)$에 대응시키는 것으로 계수에 대한 세 개의 방정식을 얻게 되고, 이들이 이루는 연립방정식을 풀어 계수를 결정하여, 결론적으로 f를 찾는다. $0, 1, \infty$의 순서는 각자 자신이 편리한 대로 재설정하여도 아무런 문제가 없지만 자주 쓰이는 선택이기는 하다.

예를 들어, 대응시킬 세 개의 숫자가 $f(0) = 3, f(1) = 0, f(\infty) = -1$ 로 배정된 경우를 생각해 보자. 그러면 이로부터 연립방정식

$$\begin{cases} 3 = \frac{a \cdot 0 + b}{c \cdot 0 + d} & \cdots (1) \\ 0 = \frac{a+b}{c+d} & \cdots (2) \\ -1 = \frac{a \cdot \infty + b}{c \cdot \infty + d} & \cdots (3) \end{cases}$$

을 얻는다. (2)로부터 $a = -b$를 얻는다. (1)로부터 $b = 3d$

를 얻고, (3)으로부터 $a = -c$를 얻는다. 이로써 $b = -a, c = -a, d = -a/3$. $ad - bc \neq 0$로부터 $a \neq 0$임을 알 수 있고, 따라서

$$f(z) = \frac{3z-3}{-3z-1}$$

를 얻는다.

방금 얻은 1차 분수 변환은 특히 모든 계수가 실수가 되는 점이 특이하다. 이런 변환은 실수 값을 대입하면 항상 실수 값을 얻게 해 주므로, 실수축을 실수축으로 대응시킨다. 이 함수의 역함수 역시 모든 계수가 실수이므로 (계산으로 확인해 보아라) 실수축을 실수축으로 대응시키게 되는데, 무한대 점을 실수축에 있는 것으로 간주하여 소위 "확장된 실수축"을 생각하면 (그리고 실제로 이 1차 분수변환을 확장된 실수축에 국한(restrict)시키면 1대 1 대응함수가 되므로), 이 변환은 실수축을 보존한다.

복소 평면을 실수축으로 가르면 두 개의 반평면 (half-planes)

$$H := \{z \in \mathbb{C}\colon \operatorname{Im} z > 0\}$$
$$H^* := \{z \in \mathbb{C}\colon \operatorname{Im} z < 0\}$$

를 얻는다. H는 **윗쪽 반평면** (the upper half-plane), H^*는 **아랫쪽 반평면** (the lower half-plane) 이라 부른다. 그러면 위의 함수 $f(z) = \dfrac{3z-3}{-3z-1}$는 조건 $f(H) = H$를 만족할까?

이 질문에 대답하기 위해 $z \in H$ 를 임의로 택하자. 그러면

$z = x + iy$는 조건 $y > 0$를 만족시킨다.

$$\begin{aligned} f(z) &= -\frac{3x - 3 + 3iy}{3x + 1 + 3iy} \\ &= -\frac{\big((3x-3) + i(3y)\big)\big((3x+1) - 3iy\big)}{(3x+1)^2 + (3y^2)} \end{aligned}$$

는 직접 계산으로 얻으며, 이로부터

$$\begin{aligned} \operatorname{Im} f(z) &= -\frac{(3x-3)(-3y) + 3y(3x+1)}{(3x+1)^2 + (3y^2)} \\ &= \frac{-12y}{(3x+1)^2 + (3y^2)} \\ &< 0. \end{aligned}$$

를 얻는다. 그러므로 $f(H) = H^*$ 가 확인된다. 계산 과정을 자세히 조사해 보면 이 결과가 얻어지는 이유로서 "$ad - bc$" = $3 \cdot (-1) - (-3)(-3) = -12 < 0$ 가 작용하고 있음을 보게 된다. 이제 아래 연습문제를 제시한다.

문제 4.5.1 1차 분수변환 $f(z) = \dfrac{az+b}{cz+d}, \quad (ad - bc \neq 0)$ 가 주어졌다고 하자. 그러면

(1) f 가 확장된 실수축을 보존한다는 조건과 계수 a, b, c, d가 약분을 통해 모두 실수로 주어질 수 있다는 조건이 논리적으로 같음을 증명하여라.

(2) 계속해서, f 가 윗쪽 반평면 H를 보존한다는 조건, 즉 $f(H) \subset H$라는 조건과, 부등식 $ad - bc > 0$ 라는 조건이 논리적으로 같음을 증명하여라.

3개의 서로 다른 점은 정확히 한 개의 원을 결정한다. (한 점이 무한대이거나, 세 점이 동일직선상에 있으면 한 개의 직선을 결정한다.) 그리고 1차 분수변환은 원 또는 직선을 반드시 원 또는 직선에 대응시킨다. 이 점을 감안하여 다음 연습문제를 다루어 보자.

연습 문제

문제 4.5.2 조건 $f(0) = 1, f(1) = i, f(\infty) = -1$을 만족시키는 1차 분수변환 f를 구성하여라. 그리고 이 변환이 윗쪽 반평면 H를 단위구 영역 $D := \{z\colon |z| < 1\}$에 대응시키는 전단사 온함수 (양방향 온함수 biholomorphic map)가 됨을 증명하여라.

문제 4.5.3 (뫼비우스(Möbius) 변환) 1차 분수변환 $\mu_\alpha(z) := \dfrac{z-\alpha}{1-\bar{\alpha}z}$ 이 주어졌다고 하자.

(1) 복소수 상수 α가 조건 $|\alpha| < 1$을 만족시키면, μ_α 가 단위구 영역 D를 보존하고 또 동시에 단위원 $\partial D := \{z \in \mathbb{C}\colon |z| = 1\}$도 보존함을 보여라.

(2) μ_α의 역함수는 $\mu_{-\alpha}(z) := \dfrac{z-\alpha}{1-\bar{\alpha}z}$ 임을 보여라.

(3) $|\alpha| > 1$ 인경우와 $|\alpha| = 1$ 인 경우에 대하여 분석해 보아라. 어떤 결론을 얻을 수 있겠는가?

4.5.6 변환으로서의 지수함수와 로그함수

이번에는 로그함수와 지수함수가 변환으로서 어떤 작용을 하는지 조금 살펴 보기로 하자. 지금 다루려는 함수, 즉 변환은 각각

$$\begin{aligned} f(z) &= e^z = e^{x+iy} = e^x e^{iy} \\ &= e^x(\cos y + i \sin y) \end{aligned}$$

$$\begin{aligned} g(z) &= \log z \\ &= \ln |z| + i \arg z \end{aligned}$$

이다. 우선 $V(a,b) := \{x+iy\colon a < x < b\}$ 를 생각하기로 하자. 이 집합은 y 축과 평행한 직선, 방정식으로는 $x = a$와 $x = b$ 로 표현되는 두 직선 사이의 영역을 표시한다. 이렇게 주어진 "세로 방향 평행 띠 (vertical parallel strip)" 는 조건 $a < c < b$를 만족시키는 실수 c에 의해서 정의되는 방정식 $x = c$가 표현하는 직선들로 구성되어 있다. 한편 이 직선은 지수함수 f에 의해 어떻게 변환될까?

$x = c$로 표현되는 직선의 매개변수 방정식은

$$\alpha(t) = c + it, \ (-\infty < t < +\infty)$$

로 주어진다. 따라서 변환된 곡선의 매개변수 방정식은

$$f \circ \alpha(t) = e^c e^{it} = e^c(\cos t + i \sin t)$$

이고 이는 곧 반지름이 e^c 이고 중심이 원점에 있는 원을 반시계 방향으로 도는 곡선이다. 그러므로 $A(a,b) := f(V(a,b))$는 원점에 중심을 두고 반지름이 각각 e^a, e^b인 두 동심원 사이에 있는 영역이 된다. 물론 함수 $f\colon V(a,b) \to A(a,b)$는 전사함수 (surjective map) 이지만 단사함수 (injective map)는 아니다. 한 점 $q \in A(a,b)$ 에 대해 $f^{-1}(q)$ 는 무한집합이지만, 두 점은 같은 실수부를 가지며 허수부는 정수 k에 대해 $2k\pi$ 만큼의 차이가 날 뿐이다.[9]

로그 "함수"는 물론 지수함수의 역에 해당하지만 그 자신 흥미로운 변환 현상을 제공한다. 이번에는 부채꼴 영역

$$V := \{re^{i\theta} \colon 0 < a < r < b, c < \theta < d\}$$

를 생각하자.

$$\log(re^{i\theta}) = \ln r + i\theta$$

로부터 $\log V = \{x + iy\colon \ln a < x < \ln b, c < y < d\}$ 를 얻는다. 이 결과는 사각형 영역이어서, 로그 변환이 부채꼴 영역을 사각형 영역으로 변환시킨다는 점을 볼 수 있다. 물론 이 예는 지수함수 $f\colon \mathbb{C} \to \mathbb{C} \setminus \{0\}$ 의 (역)변환에 포함되는 현상이다.

[9]함수 $f\colon V(a,b) \to A(a,b)$ 는 위상수학에서 말하는 **덮는 함수** (covering map)의 좋은 예다. 실제로 함수 $f\colon \mathbb{C} \to \mathbb{C} \setminus \{0\}$도 덮는 함수가 된다.

4.5.7 주코프스키 변환

변환 $Z(z) := z + \frac{1}{z}$는 단순해 보이지만 1차 분수변환의 범주에 들지 아니한다. $Z(z) = \dfrac{z^2+1}{z}$ 이기 때문이다. 그런 만큼 변환으로서는 1차 분수변환과 상당히 다른데, 이런 현상이 그리 놀랍지는 않다.

하지만 이 함수는 매우 중요한 응용을, 특히 유체역학 분야에 남겼다. 이 함수는 주코프스키 변환 (Joukowski transform) 이라고 부르는 유명한 개념인데, 중심이 원점은 아니지만 원점에 가까운 점이고 반지름이 1인 원에 이 변환을 적용하면 그 이미지 곡선이 비행기 날개의 단면을 이룬다. 또 이 결과에 등각함수의 성질을 이용하면 비행기 날개 주변의 공기에 대한 유체역학을 연구하는 데에 매우 편리하다. 관심 있는 독자는 위키피디아 등에서 "Joukowski Airfoil" 을 검색하여 참고 문헌을 찾아 보기 바란다.

4.5.8 슈바르츠·크리스토펠 변환

윗쪽 반평면 H 에 정의되고 변환의 결과가 다각형 영역이 되게 해주는 전단사 온함수를 구성하는 방법을 1869년 H. A. Schwarz 가 발표했고 그보다 조금 앞서 1867년에 E. Christoffel 이 발표한 결과를 정리한 것을 간단히 소개한다. 함수는

$$f(z) = \int^{z} \frac{K}{(\zeta - a_1)^{1-(\alpha_1/\pi)}(\zeta - a_2)^{1-(\alpha_2/\pi)} \cdots} d\zeta$$

의 형태로 주어진다. 적분기호 $\int^z d\zeta$는 온함수의 원시함수를 나타낸다. 여기에서 $a_1 < a_2 < a_3 < \cdots$ 들은 실수축 위에 있는 점들이며 각각의 선택은 다각형의 변의 길이를 만들어낸다. 실수 α_j는 꺾이는 점에서의 각도를 나타낸다. 따라서 정확한 값을 얻어내기 위해서는 비선형 방정식을 풀어야 하기에 대개는 근사값을 얻는 정도로 응용된다. 예를 들어 내각이 각각 $\alpha\pi, \beta\pi, (1-\alpha-\beta)\pi$인 삼각형 영역 T를 얻기 위해서는 변환 $f\colon H \to T$를

$$f(z) = \int \frac{dz}{(z-1)^{1-\alpha}(z+1)^{1-b}}$$

로 얻는다는 것 등이 알려져 있다. 더 자세한 것은 비교적 현대적으로 잘 설명하고 있는 참고 문헌을 추천한다. [10]

여러가지 도형에 적합한 온함수 변환에 관한 연구는 아직도 진행되고 있지만, 우리는 이 정도에서 멈추도록 하겠다.

[10] Zeev Nehari: Conformal mapping. Dover Publ. Co. 1982. 를 추천한다.

5 특이점

5.1 고립 특이점

> **정의 5.1.1** 복소 영역 U 위의 한 점 $p \in U$ 가 주어졌을 때 함수 $f \colon U \setminus \{p\} \to \mathbb{C}$ 가 온함수이면 p를 함수 f의 **고립 특이점** (isolated singularity) 이라 부른다.

"특이점"이란 주어진 함수가 주변 점에서 가지는 일반적인 성질이—지금 우리의 경우에는 온함수라는 성질이—성립하지 않는 점을 말하는 용어이며, "고립되었다"는 말은 그 점을 제외하고는 주변의 다른 점은 어느 것도 특이점이 아니라는 뜻이다. 함수 $f(z) = \dfrac{1}{(z-2)(z+1)^3}$ 의 경우를 예로 들자면, 두 점 $2, -1$이 각각 고립 특이점이 된다. f가 영역 $\mathbb{C} \setminus \{2, -1\}$ 위에서 온함수가 되기 때문이다.

고립 특이점을 다루는 데에 중심점이 제거된 원반을 표현하는 기호

$$D^{\times}(p, r) = \{z \in \mathbb{C} \colon 0 < |z - p| < r\}$$

가 편리하다. 이 기호를 즐겨 사용하려고 한다.

이 함수 $f(z) = \dfrac{1}{(z-2)(z+1)^3}$ 를 $D^{\times}(-1, 1) := \{z \in \mathbb{C} \colon 0 < |z + 1| < 1\}$에 국한시킨 함수 (restricted function) $f \colon D^{\times}(-1, 1) \to \mathbb{C}$ 가 온함수이므로 점 -1가 고립 특이점이고, 같은 방법으로 다른 특이점 $+2$을 다루기 위해 주어진 함수 f를

"구멍난 원반 (punctured disc)" $D^{\times}(2, 1/2)$ 위에 국한시키면 온함수가 얻어지므로, 이런 방법으로 보면 함수 f의 두 특이점 $-1, +2$가 각각 고립 특이점이라는 분명해진다.

보다 일반적인 특이점들, 혹은 특이점 집합을 생각하는 것도 물론 가능하다. 하지만 지금은 비교적 가장 간단해 보이는 고립 특이점들에 대한 연구를 배워 보기로 하자.

5.2 리만 확장정리와 사라지는 특이점

가장 단순한 특이점부터 다루어 보자.

정의 5.2.1 $f\colon U\setminus\{p\} \to \mathbb{C}$가 온함수라 하자. 이 경우에 만약 온함수 $\tilde{f}\colon U \to \mathbb{C}$ 가 존재하여 $\tilde{f}(z) = f(z),\ \forall z \in U \setminus \{p\}$ 가 성립하면, 점 p를 f의 **사라지는 특이점** (removable singularity)이라고 부른다.

이런 경우에 수학자들은 "**온함수** $f\colon U \setminus \{p\} \to \mathbb{C}$**가** U **전체로 확장된다.**" 라고 표현하기도 한다.[1]

그렇다면, 어떤 고립 특이점이 사라지게 할 수 있는, 즉, 없앨 수 있는 (removable) 것일까? 물론 확장된 온함수 $\tilde{f}$가 얻어진다면 정의에 의해 그런 특이점은 사라지게 할 (=없앨) 수 있겠다. 하지만 수학적으로 유용한 정리는 그런 식으로 쓰여지지 아니한다. 단순히 정의를 되풀이할 뿐인 것은 정리가 될 수 없고, 함수 f가 집합 $U \setminus \{p\}$ 위에서 어떤 특성을 보이면 특이점이 사라질 것인지를 판정할 수 있도록 "쓸모 있는" 조건을 제시해야만 정리로서 가치를 가지기 때문이다.

이제, 아래 정리를 소개한다. 위에 설명한 기준에 맞추어 이 정리의 가치를 독자가 가늠해 보았으면 한다.

정리 5.2.1 (리만 확장정리) **영역** U**에서 한 점** $p \in U$**를 뺀 영역을 정의구역으로 가지는 함수** $f\colon U \setminus \{p\} \to \mathbb{C}$**가**

---

[1] 영어로는 "The function $f\colon U \setminus \{p\} \to \mathbb{C}$ extends holomorphically onto U." 등으로 표현한다.

온함수이고, 또 조건

$$\lim_{z\to p}(z-p)f(z)=0$$

가 성립하면, p는 없앨 수 있는 특이점이다.

증명. 함수

$$h(z)=\begin{cases}(z-p)^2f(z) & (z\neq p)\\ 0 & (z=p)\end{cases}$$

를 생각하자. 이 함수는 당연히 $U\setminus\{p\}$ 위의 각 점에서 복소미분가능하다. 한편

$$\begin{aligned}\lim_{z\to p}&\frac{h(z)-h(p)}{z-p}\\ &=\lim_{z\to p}(z-p)f(z)\\ &=0\end{aligned}$$

가 바로 따라온다. 두 번째 줄은 h의 정의에 의해 얻어지고, 마지막 줄은 정리의 가정에 의해 얻어지기 때문이다. 이로부터 h가 점 p에서도 복소미분가능하다는 결론을 얻으며, h가 U 위에 정의된 온함수라는 결론을 얻는다.

그러므로 조건 $D(p,r)\subset U$를 만족시키는 양수 r에 대하여 함수 h는 $D(p,r)$ 위에서 수렴하는 테일러 급수

$$h(z)=c_0+c_1(z-p)+c_2(z-p)^2+\cdots$$

로 표현된다. 정리의 가정 조건에 의해 $c_0 = h(p) = 0$를 얻고, $c_2 = h'(p) = 0$를 위에서 확인하였으므로 $z \neq p$인 경우에는

$$f(z) = c_2 + \sum_{n=1}^{\infty} c_{n+2}(z-p)^n$$

가 성립하며 우변의 멱급수의 수렴반경은 r 이상이다. 따라서

$$\tilde{f}(z) = \begin{cases} c_2 + \sum\limits_{n=1}^{\infty} c_{n+2}(z-p)^n, & \forall z \in D(p,r) \\ f(z) & \forall z \in U \setminus D(p, \frac{r}{2}) \end{cases}$$

로 정의하면 $\tilde{f} \colon U \to \mathbb{C}$는 온함수이고, $\tilde{f}(z) = f(z)$가 모든 $z \in U \setminus \{p\}$에 대해 성립하므로 증명이 완결된다. □

당연한 따름정리이지만, 전통을 따라 아래 명제를 소개한다.

따름정리 5.2.2 온함수 $f \colon U \setminus \{p\} \to \mathbb{C}$가 적절한 $r > 0$에 대하여 조건 $D^\times(p,r) \subset U$ 를 만족시키고, 적절한 양수 C에 대하여 조건 $|f(z)| < C, \forall z \in D^\times(p,r)$을 만족시키면, f가 영역 U 전체에 정의되는 온함수로 확장된다.

증명은 독자에게 맡긴다.

5.3 깃대 특이점과 분수온함수

복소함수론에는 특이점에 관한 전통적인 분류가 있다.

정의 5.3.1 영역 U와 점 p에 대하여 함수 $f: U \setminus \{p\} \to \mathbb{C}$ 가 온함수인 경우, 고립 특이점 p를 아래 세 가지로 분류한다.

1. **사라지는 특이점** (removable singularity, **없앨 수 있는 특이점**).
2. $\lim_{z \to p} f(z) = \infty$ 가 성립하는 경우. 이런 경우를 **깃대 특이점** (pole singularity, **극점 특이점**) 이라고 부른다.
3. 위의 두 경우가 아닌 특이점. 이런 경우를 **심각한 특이점** (essential singularity) 이라고 부른다.

이 마디의 주제는 깃대 특이점에 관한 이론 전개이다. 첫 번째 정리를 소개한다.

정리 5.3.1 **영역** U**와 점** p**, 그리고 온함수** $f: U \setminus \{p\} \to \mathbb{C}$ **가 주어졌다고 하자. 만약 조건** $\lim_{z \to p} f(z) = \infty$ **가 성립하면,** $(z-p)^m f(z)$ **가** U **전체에 온함수로 확장되게 하는 자연수** m**이 존재한다.**

증명. 가정의 조건에 의하여 "$|f(z)| > 1, \forall z \in D(p,r).$"를 만족시키는 양수 r이 존재한다. 따라서 $h(z) = \frac{1}{f(z)}$ 로 정의하면 h은 $D^{\times}(p,r)$ 위에 정의된 온함수이며, $\lim_{z \to p} h(z) = 0$

를 만족시킨다. 따라서 **리만 확장정리** (**정리** 5.2.1)에 의하여 $h\colon D(p,r) \to \mathbb{C}$는 온함수이며, p가 유일한 0점이 된다. 그러므로 $h(z) = (z-p)^m k(z)$를 만족시키게 해 주는 자연수 m과, 어느 점에서도 0이 되지 않는 온함수 $k\colon D(p,r) \to \mathbb{C}$ 가 존재하게 된다. 이로부터

$$f(z) = \frac{1}{(z-p)^m}\frac{1}{k(z)}, \ \forall z \in D^{\times}(p,r)$$

이 성립하는데, 함수 $1/k(z)$는 $D(p,r)$ 위에 정의된 온함수임이 명백하다. 이로부터 정리의 증명이 바로 따라온다. □

이 정리의 역명제는 당연히 성립한다. 따라서 복소 평면 안에 있는 열린 집합에서 없앨 수 있는 고립 특이점이나 깃대 특이점을 제외한 점에서 온함수인 함수를 **분수 온함수** (meromorphic function) 라고 부르기로 한다.

위 정리로부터 아래와 같이 분수 온함수의 전개 정리도 얻는다.

정리 5.3.2 **구멍 난 원반** $D^{\times}(p,r)$ **위에 정의된 온함수** f **가 점** p**에서 깃대 특이점을 가지면**

$$f(z) = \frac{c_{-m}}{(z-p)^m} + \ldots + \frac{c_{-1}}{(z-p)} + \sum_{n=0}^{\infty} c_n (z-p)^n$$

가 성립하게 해 주는 자연수 m**과, 복소 상수** $c_{-m}, \ldots, c_{-1}$, $c_0, c_1, \ldots$, **그리고 원반** $D(p,r)$ **에서 수렴하는 무한 멱급수**

$\sum_{n=0}^{\infty} c_n(z-p)^n$ **등이 존재한다.**

증명. 앞 정리의 증명에서 $1/k(z)$ 가 원반 영역 $D(p, r)$에 정의된 온함수이므로 점 p를 중심으로 한 테일러 전개식을 가진다. 이를 이용하면 정리의 증명이 바로 따라온다. □

연습 문제

문제 5.3.1 온함수 $f\colon D^{\times}(0,1) \to \mathbb{C}$가 주어졌다. 만약 f가 조건

$$\int_0^{2\pi} \Big(\int_0^1 |f(re^{i\theta})|^2 r \, dr \Big) d\theta < 100$$

를 만족한다면, 고립 특이점 0은 f의 사라지는 특이점인가?

문제 5.3.2 연속함수 $f\colon D(0,1) \to \mathbb{C}$가 허수부가 0이 아닌 점 (즉 실수 축 위에 있지 않은 점)에서 항상 복소미분가능하다고 하자. 그러면 f는 단위원 영역 $D(0,1)$ 전체에서 온함수인가?

5.4 심각한 특이점

제3 유형의 특이점인 **심각한 특이점**의 특징을 대표하는 정리를 소개한다.

정리 5.4.1 (카소라티-바이에르슈트라스 정리) 영역 U 위의 점 p에 대하여 온함수 $f\colon U \setminus \{p\} \to \mathbb{C}$ 의 고립 특이점 p가 심각한 특이점이면 조건 $D(p,r) \subset U$를 만족시키는 임의의 양수 r에 대하여 $f(D^{\times}(p,r))$ 은 복소평면 $\mathbb{C}$에 빽빽하게 들어 찬 부분 집합이다.[a]

[a]부분 집합 A가 복소평면 $\mathbb{C}$에 빽빽하게 들어 찼다는 말은, 임의의 양수 r과 임의의 점 $a \in \mathbb{C}$를 택하더라도 $D(a,r) \cap A \neq \varnothing$ 가 성립한다는 뜻이다. 영어로는 "The subset A is dense in $\mathbb{C}$ if $D(a,r) \cap A \neq \varnothing$ for any $a \in A$ and $r > 0$." 가 되겠다.

증명. 결론을 부정하여 $f(D^{\times}(p,r))$ 이 복소평면 $\mathbb{C}$에 빽빽하게 들어 찬 부분 집합이 아니라고 가정하자. 그러면 조건 $D(q,s) \cap f(D^{\times}(p,r)) = \varnothing$ 를 만족시키는 점 $q \in \mathbb{C}$와 양수 s가 존재한다.

그러면 $h(z) := \dfrac{1}{f(z)-q}$가 온함수 $h\colon D^{\times}(p,r) \to \mathbb{C}$를 정의하고,

$$\begin{aligned} f(z) \notin D(q,s) &\Leftrightarrow f(z) \in \mathbb{C} \setminus D(q,s) \\ &\Leftrightarrow f(z) - q \in \mathbb{C} \setminus D(0,s) \\ &\Leftrightarrow h(z) \in E(0,1/s) \end{aligned}$$

가 성립하므로,

$$|h(z)| \le \frac{1}{s}, \quad \forall z \in D^\times(p,r)$$

를 얻는다. 따라서 리만 확장정리에 의해 h 는 $D(p,r)$ 전체로 확장된다. 확장된 온함수도 그냥 $h\colon D(p,r) \to \mathbb{C}$로 표시하기로 하자. 그러면, $h(p) = 0$의 경우에는 $\lim_{z\to p}(f(z) - q) = \infty$ 가 성립하므로 p가 f의 깃대 특이점이어야 하고, 반면에 $h(p) \neq 0$의 경우에는 p가 f의 없앨 수 있는 특이점이어야 하지만, 이 두 경우 모두 p가 f의 심각한 특이점이라는 가정에 모순이 된다. 이로써 증명이 완결된다.[2] □

이보다 더 나은 결론도 알려져 있다. 증명 없이 결과만 소개한다.

정리 5.4.2 (피카르 정리) **영역 U 위의 점 p에 대하여 온함수 $f\colon U \setminus \{p\} \to \mathbb{C}$ 의 고립 특이점 p가 심각한 특이점이면 조건 $D(p,r) \subset U$를 만족시키는 임의의 양수 r에 대하여 집합 $\mathbb{C} \setminus f(D^\times(p,r))$의 원소의 개수가 1개 이하이다.**

이 정리는 "피카르의[3] 대정리 (Big Picard Theorem)" 라는 이름으로 알려져 있다.

[2]서방 세계에서 Casorati-Weierstrass theorem 으로 알려진 이 정리는 1860-1875 기간에 F. Casorati (1868), K. Weierstrass (1876)에 의해 정립되었는데, 러시아 쪽에서는 Sokhotski 정리 (1868)로 부른다.

[3]에밀 피카르 [E. Picard (1856-1941, 프랑스)].

연습 문제

문제 5.4.1 표현 $f(z) = e^{\frac{1}{z}}$는 영역 $\mathbb{C} \setminus \{0\}$ 위에서 온함수를 정의한다. 그렇다면 원점 0은 이 함수의 어떤 특이점인가?

문제 5.4.2 구멍난 원반 $D^\times(0, 1)$ 위에 정의된 온함수로서 원점 0을 심각한 특이점으로 가지는 함수의 예를 들어라. 위 연습문제에 제시된 함수와 다른 유형의 함수를 두 가지 이상 예로 들 수 있겠는가?

5.5 로랑 전개정리와 로랑 급수

이제부터 기호

$$A(p,r,R) = \{z \in \mathbb{C} : r < |z-p| < R\}$$
$$\overline{A}(p,r,R) = \{z \in \mathbb{C} : r \le |z-p| \le R\}$$

를 사용하려고 한다. $A(p,r,R)$ 은 **고리 영역** (Ringed region; Annulus) 이라고 부르고, $\overline{A}(p,r,R)$은 **닫힌 고리 영역** (closed annulus) 이라 부르겠다.

지금 다룰 주제는, 점 p와 조건 $0 < r < R$ 를 만족시키는 실수 r, R에 의해 주어지는 **닫힌 고리 영역** (closed annulus)

$$\overline{A}(p,r,R) = \{z \in \mathbb{C} : r \le |z-p| \le R\}$$

를 포함하는 영역 U 위에 정의된 온함수의 전개식에 대한 이론이다.[4]

정리 5.5.1 (로랑 전개 정리) **닫힌 고리 $\overline{A}(p,r,R)$ 를 포함하는 영역 U에 정의된 함수 $f: U \to \mathbb{C}$ 가 온함수이면, 이 함수는 고리 영역 $A(p,r,R)$ 위에서**

$$f(z) = \sum_{k=-\infty}^{+\infty} c_k (z-p)^k$$

[4]이 이론은 피에르 로랑 [P. A. Laurent (프랑스, 1813-1854)] 에 의해 처음 발표되었다.

로 표현되며, 우변의 멱급수는 닫힌 고리 영역 $\overline{A}(p, r, R)$ 위에서 고르게 절대수렴한다.

증명. 매개변수 방정식 $z(t) = p + Re^{it}$, $(0 \leq t \leq 2\pi)$ 로 주어지는 곡선 α_R 과 또 다른 매개변수 방정식 $z(t) = p + re^{it}$, $(0 \leq t \leq 2\pi)$ 로 주어지는 곡선 α_r 을 생각하자. 그리고 $z \in A(p, r, R)$ 이 주어졌다고 하자. 그러면 코시 적분공식에 의해

$$f(z) = \frac{1}{2\pi i}\int_{\alpha_R}\frac{f(\zeta)}{\zeta - z}d\zeta - \frac{1}{2\pi i}\int_{\alpha_r}\frac{f(\zeta)}{\zeta - z}d\zeta \tag{5.1}$$

가 성립한다. 이제 우변에 들어 있는 두 적분식을 2.6 마디에서 사용했던 기법을 써서 각각 전개할 수 있다. 첫 번째 적분식에서는

$$|z - p| < |\zeta - p|$$

가 성립하므로

$$\begin{aligned}\frac{1}{\zeta - z} &= \frac{1}{(\zeta - p) - (z - p)}\\ &= \frac{1}{(\zeta - p)}\frac{1}{1 - \frac{z-p}{\zeta-p}}\\ &= \sum_{n=0}^{+\infty}\frac{(z-p)^n}{(\zeta - p)^{n+1}}\end{aligned}$$

를 얻으며 이를 (5.1)의 우변에 쓰인 첫 번째 적분공식에 대입하고

항별적분법을 적용하여

$$\begin{aligned}\frac{1}{2\pi i}\int_{\alpha_R}\frac{f(\zeta)}{\zeta-z}d\zeta \\ =\sum_{n=0}^{+\infty}\Big(\frac{1}{2\pi i}\int_{\alpha_R}\frac{f(\zeta)}{(\zeta-p)^{n+1}}d\zeta\Big)(z-p)^n\end{aligned} \tag{5.2}$$

를 얻게 된다. 물론, 2.6의 논증을 써서 이 멱급수가 $D(p,R)$의 모든 점 각각에서 고르게 절대수렴한다는 결론도 얻는다.

한편, 두 번째 적분에도 비슷한 생각을 적용할 수 있는데, 이번에는 $z\in A(p,r,R)$가

$$|\zeta-p|<|z-p|$$

를 만족시키기 때문에

$$\begin{aligned}\frac{1}{\zeta-z}&=\frac{1}{(\zeta-p)-(z-p)}\\ &=-\frac{1}{(z-p)}\cdot\frac{1}{1-\frac{\zeta-p}{z-p}}\\ &=-\sum_{n=1}^{+\infty}\frac{(z-p)^{-n}}{(\zeta-p)^{-n+1}}\end{aligned}$$

를 얻는다. 물론 이 멱급수는 $\mathbb{C}\setminus E(p,r)$ 위에서 고르게 절대수렴한다. (이를 따져보는 것은 독자를 위한 연습문제로 돌린다.) 이 식을 (5.1)의 우변에 쓰인 두 번째 선적분에 대입하면서 항별

적분법을 적용하여

$$\begin{aligned}\frac{1}{2\pi i}\int_{\alpha_r}\frac{f(\zeta)}{\zeta - z}d\zeta \\ = -\sum_{n=1}^{+\infty}\Big(\frac{1}{2\pi i}\int_{\alpha_r}\frac{f(\zeta)}{(\zeta-p)^{-n+1}}d\zeta\Big)(z-p)^{-n}\end{aligned} \tag{5.3}$$

를 얻게 된다. 이제 세 개의 식 (5.1)과 (5.2) 그리고 (5.3)를 종합하되, 자연수 n에 대하여

$$c_n = \begin{cases}\dfrac{1}{2\pi i}\displaystyle\int_{\alpha_R}\frac{f(\zeta)}{(\zeta-p)^{n+1}}d\zeta, & (n \geq 0) \\ \\ \dfrac{1}{2\pi i}\displaystyle\int_{\alpha_r}\frac{f(\zeta)}{(\zeta-p)^{n+1}}d\zeta, & (n < 0)\end{cases}$$

로 두면

$$f(z) = \sum_{n=-\infty}^{-1} c_n(z-p)^n + \sum_{n=0}^{+\infty} c_n(z-p)^n$$

를 얻게 되며, 이것으로 증명이 완결된다. □

보충 5.5.1 이 전개식을 원저자의 이름을 붙여 **로랑 전개식** (Laurent expansion; Laurent series **로랑 급수**) 등의 이름으로 부른다. 한편, 이 전개식의 계수를 보면 $n = 0, 1, 2, \cdots$ 의 경우

$$c_n = \frac{1}{2\pi i}\int_{\alpha_R}\frac{f(\zeta)}{(\zeta-p)^{n+1}}d\zeta$$

로 주어져 있다. 그런데 r_0를 조건 $r < r_0 < R$를 만족시키는 실수값으로 택하면 코시 소멸정리 (정리 2.4.8) 에 의해

$$\frac{1}{2\pi i}\int_{\alpha_R}\frac{f(\zeta)}{(\zeta-p)^{n+1}}d\zeta - \frac{1}{2\pi i}\int_{\alpha_{r_0}}\frac{f(\zeta)}{(\zeta-p)^{n+1}}d\zeta = 0$$

는 것을 알 수 있으므로

$$c_n = \frac{1}{2\pi i}\int_{\alpha_{r_0}}\frac{f(\zeta)}{(\zeta-p)^{n+1}}d\zeta$$

가 얻어진다. 비슷한 논증에 의해 이 식은 $n = -1, -2, -3, \cdots$ 의 경우에도 성립한다. 따라서 로랑 전개식에 등장하는 모든 계수를 이 식 하나로 표현할 수도 있다.

연습 문제

문제 5.5.1 위의 로랑 전개 정리 (정리 5.5.1)에서 급수가 고르게 절대수렴함을 상세히 증명하여라. 실제로 로랑 급수는 닫힌 고리 영역 $\overline{A}(p, r, R)$ 위에서 고르게 절대수렴한다. 이 결론을 얻을 수 있게 증명을 구성하여라.

문제 5.5.2 함수 $f(z) = \dfrac{\sin z}{z^2(z-\pi)}$ 에 대하여, 특이점 0과 π 각각을 중심으로 한 로랑 급수 전개식을 각각 구하고, 각 급수의 수렴 영역을 표시하여라. 그리고, 이를 통해 로랑 급수가 각 특이점의 위치에 따라 달라질 수 있음을 확인하여라.

5.6 로랑 나머지, 나머지 공식, 나머지 정리

이제 구멍난 원반 $D^{\times}(p,R)$ 위에 정의된 온함수 $f\colon D^{\times}(p,R) \to \mathbb{C}$가 주어졌다고 하자. 그러면 조건 $0 < r < R$을 만족시키는 실수 r에 대하여 매개변수 방정식 $z(t) = p + re^{it}$, $(0 \le t \le 2\pi)$로 주어진 곡선 α_r을 따라 정의되는 (로랑 전개식의) 계수

$$c_n := \frac{1}{2\pi i}\int_{\alpha_r} \frac{f(\zeta)}{(\zeta - p)^{n+1}} d\zeta$$

를 사용한 f의 로랑 급수 전개식

$$\begin{aligned} f(z) = \cdots + \frac{c_{-m}}{(z-p)^m} + \ldots + \frac{c_{-1}}{(z-p)} \\ + c_0 + c_1(z-p) + \cdots \end{aligned}$$

를 얻는다. 이제 선적분 $\frac{1}{2\pi i}\int_{\alpha_r} f(z)dz$의 값에 대해 조사하려 한다. 먼저 직접 계산에 의해 $m \neq -1$ 의 경우에는

$$\begin{aligned} &\int_{\alpha_r} (z-p)^m dz \\ &= \int_0^{2\pi} r^m e^{imt} i r e^i t dt \\ &= \left[i r^{m+1} \frac{1}{m+1} e^{i(m+1)t} \right]_0^{2\pi} \\ &= \frac{i r^{m+1}}{m+1}\left((e^{2\pi i})^{m+1} - e^0 \right) \\ &= 0 \end{aligned}$$

를 얻고, $m = -1$ 일 때에는

$$\begin{aligned}\int_{\alpha_r} &(z-p)^m dz \\ &= \frac{1}{r}\int_0^{2\pi} e^{-it} \cdot ire^{it} dt \\ &= i\int_0^{2\pi} dt \\ &= 2\pi i\end{aligned}$$

를 얻는다. 따라서 항별적분 정리에 의해

$$\begin{aligned}\frac{1}{2\pi i}&\int_{\alpha_r} f(z)dz \\ &= \frac{1}{2\pi i}\int_{\alpha_r}\Big(\sum_{k=-\infty}^{+\infty} c_k(z-p)^k\Big)dz \\ &= \sum_{k=-\infty}^{+\infty}\frac{c_k}{2\pi i}\int_{\alpha_r}(z-p)^k dz \\ &= c_{-1}\end{aligned}$$

를 얻는다. 충격적인가? 사실은 그렇지 않다. 위에서 다룬 c_{-1} 의 정의를 보면 정확히 이 결과를 말하고 있기 때문이다!

결과적으로 이 경우에서 보이는 현상은 이와 같은 선적분을 시행하였을 때 c_{-1} 만 남고, 다른 모든 계수를 가지는 항이 사라지는 것이다. 그래서 c_{-1}을 **나머지** (residue) 라고 부르려 한다.

보충 5.6.1 전통적인 한글 용어로, 우리나라의 선배 수학자들은 한자어 "유수 (留數)" 를 사용했다. 영어 용어 Residue 의 번역이며, 뜻도 좋은 것 같다. "녹아버리거나 휩쓸려 흘러가버리지 않고 머물러 남아있다."는 뜻을 지닌 용어이기 때문이다. 하지만 한자에 익숙하지 않은 신세대에게는 한글 용어 "유수"가 그리 쉽게 받아들여지지 않는 것 같다. 그래서, 다른 경우와 혼동될 여지가 있음에도, 이 책에서는 "(로랑의) 나머지" 라는 용어를 쓰기로 했다.

그렇다면 나머지는 어떻게 구하겠는가? 물론 로랑 급수 전개식을 구한 다음 거기에서 $(z-p)^{-1}$의 계수를 구하면 된다. 그런데 전개하지 않고 구할 수도 있는지에 대한 연구 결과가 '공식'으로 만들어져 있으므로 그것을 소개하도록 하겠다.

고립 특이점 p가 없앨 수 있는 특이점이면 로랑 급수와 테일러 급수가 같으므로 $c_{-1}=0$이다. p가 깃대 특이점인 경우에는 정리 5.3.2에서 이미 로랑 전개식이

$$f(z)=\frac{c_{-m}}{(z-p)^m}+\ldots+\frac{c_{-1}}{(z-p)}+c_0+\sum_{n=1}^{\infty}c_n(z-p)^n$$

와 같이 주어지는 것을 본 적이 있다. 즉, 깃대 특이점에서는 m보다 큰 정수 k 에 대해서는 항상 $c_{-k}=0$ 를 얻고, $c_{-m}\neq 0$가 성립하게 하는 양의 정수 m이 존재하는 것을 이미 확인하였다.

그렇다면, 이 식에서 c_{-1}을 계산하는 공식(!)을 끄집어 낼 수

있을까? 우선

$$
\begin{aligned}
&(z-p)^m f(z) \\
&\qquad =c_{-m}+c_{-m+1}(z-p)+\cdots+c_{-1}(z-p)^{m-1} \\
&\qquad\quad +\sum_{n=0}^{\infty} c_n(z-p)^{n+m}
\end{aligned}
$$

를 얻은 다음, 이 식의 양변을 $m-1$번 미분하여

$$
\begin{aligned}
&\left(\frac{\partial}{\partial z}\right)^{m-1}\left[(z-p)^m f(z)\right] \\
&\qquad = (m-1)!\, c_{-1}+\sum_{n=0}^{\infty} \frac{(n+m)!}{(n+1)!}(z-p)^{n+1}
\end{aligned}
$$

를 얻고, 계속해서 양변을 $(m-1)!$로 나누고 z를 p에 수렴시키면,

$$
c_{-1}=\frac{1}{(m-1)!} \lim_{z \rightarrow p}\left[\left(\frac{\partial}{\partial z}\right)^{m-1}\left[(z-p)^m f(z)\right]\right]
$$

가 등장하는데, 이것이 원하던 것이었다.

이 결과를 정리하기 위해 용어를 소개하자. 깃대 특이점 p를 중심으로 하는 함수 f의 로랑 급수의 음수 차수항 중에서 가장 차수가 낮은 항의 차수가 $-m$ 일 때 양의 정수 m을 함수 f의 고립 깃대 특이점 p의 **차수** (order)라고 부르겠다. 동시에 음수 차수항으로만 이루어진 로랑 급수의 일부분인

$$
\frac{c_{-m}}{(z-p)^m}+\cdots+\frac{c_{-1}}{(z-p)^{-1}}
$$

을 **주요부분** (principal part)이라고 부르기로 한다. (역으로 고립 특이점에서 로랑 급수를 택했을 때 주요부분, 즉 음수 차수 부분이 이와 같이 유한 개의 항으로 구성되어 있으면 그 특이점은 깃대 특이점이다. 증명은 자명하다.) 그러면 바로 위에서 추론한 결과는 아래 정리로 요약된다.[5]

> **정리 5.6.1 (로랑 나머지 공식)** **구멍난 원반 $D^\times(p, R)$ 위에 정의된 온함수 $f\colon D^\times(p, R) \to \mathbb{C}$가 점 p에서 깃대 특이점을 가진다고 하자. 이 깃대 특이점의 차수 m이 1 이상인 경우에, p 점에서의 f의 로랑 전개식에 나타나는 나머지 c_{-1}를 기호 $\mathrm{Res}_f(p)$ 로 표시하기로 하면**
>
> $$\begin{aligned}\mathrm{Res}_f(p) &= c_{-1}\\ &= \frac{1}{(m-1)!}\lim_{z\to p}\left[\left(\frac{\partial}{\partial z}\right)^{m-1}[(z-p)^m f(z)]\right]\end{aligned}$$
>
> **가 성립한다.**

이 정리는 점 p가 f의 심각한 고립 특이점일 경우에는 성립하지 아니한다. $e^{\frac{1}{z}}$를 고립 특이점인 원점에서 전개하면 로랑 전개식은

$$e^{\frac{1}{z}} = 1 + \frac{1}{z} + \frac{1}{2!z^2} + \cdots + \frac{1}{n!z^n} + \cdots$$

가 된다. 이 로랑 전개식의 나머지는 1 인 것을 전개식으로부터

---

[5] 영어로는 "The Residue Theorem" 이라고 부르고, 한글 책에서 "유수 정리" 라는 이름으로 알려져 있는 정리이다. 이 책에서는 "로랑 나머지 공식" 이라고 부르기로 한다.

읽어낼 수 있지만, 위 정리의 공식을 사용하여 계산할 수는 없다. 확인하는 것은 연습문제로 돌린다.

이번에는 꺾인 C^1 폐곡선 α 안에 특이점이 여러 개 있을 때 선적분

$$\int_\alpha f(z)dz$$

의 값을 계산하는 방법을 다루려 한다. 이 방법론을 아래 정리에 요약하고, 증명을 통해 설명하려 한다.

정리 5.6.2 (나머지 정리 (Residue Theorem)) 반시계 방향성을 가지는 꺾인 C^1 단순 폐곡선 α로 둘러싸인 영역을 V라 하자. 그러면 V의 경계 ∂V는 곡선 α의 궤적과 같다. 이제 $\overline{V} := V \cup \partial V$를 포함하는 영역 U, 유한 개의 서로 다른 점 $p_1, \ldots, p_N \in V$와 온함수 $f: U \setminus \{p_1, \ldots, p_N\} \to \mathbb{C}$가 주어졌다면,

$$\int_\alpha f(z)dz = 2\pi i \sum_{k=1}^{N} \operatorname{Res}_f(p_k)$$

가 성립한다.

증명. $R = \min_{k \neq j} |p_i - p_j|$라 두고 조건 $0 < r < \frac{R}{4}$와 $\bigcup_{k=1}^{N} D(p_k, 2r) \subset V$를 만족시키는 양수 r을 택한 다음, $k = 1, 2, \ldots, N$ 각각에 대해 곡선 $\beta_k(t) = p_k + \frac{r}{4}e^{it}$, $(0 \le t \le 2\pi)$를 정의하자. 그리고 전처럼 **그린 교수의 영역 나누기 방법** (Green's subdivision method)을 사용하면 코시 소멸정리에

의해

$$\begin{aligned}\int_\alpha f(z)dz &= \int_{\beta_1+\cdots+\beta_N} f(z)dz \\ &= \sum_{k=1}^{N}\int_{\beta_k} f(z)dz \\ &= 2\pi i\sum_{k=1}^{N}\mathrm{Res}_f(p_k)\end{aligned}$$

를 얻는다. □

연습 문제

문제 5.6.1 함수 $f(z) = e^{\frac{3}{z}}$ 의 특이점 $z = 0$ 를 중심으로 하는 로랑 급수를 찾고, 로랑 나머지 (the residue) 의 값을 구하여라.

문제 5.6.2 함수 $f(z) = \dfrac{e^z}{z^4+1} + \sin\dfrac{1}{z}$ 의 고립 특이점을 모두 찾고, 각각의 경우 로랑 나머지의 값을 구하여라.

5.7 부분 분수 정리

다항함수 하나를 또 다른 다항함수로 나눈 식을 보통 유리함수 (rational function) 라고 부르는데, 이런 함수는

$$f(z) = \frac{a_0 + a_1 z + \cdots + a_k z^k}{b_0 + b_1 z + \cdots + b_m z^m}$$

와 같은 형태로 주어진다. 편의를 위해 조건 $m > k \geq 0$ 와 $a_k \neq 0, b_m \neq 0$ 등을 가정하기로 하자.

엄밀히 말하자면, 이 식은 함수를 정의하지 못한다. 하지만, 확장된 복소 평면 $\mathbb{C}_\infty$ 에서는 이 식이 잘 정의된 함수를 제공한다. 그런 의미에서 "유리함수 (rational function 有理函數)" 라는 표현이 널리 쓰인다.

한편, **대수학의 기본정리**에 의해 분모는 수식

$$b_0 + b_1 z + \cdots + b_n z^n = b_n (z - p_1)^{m_1} \cdots (z - p_\ell)^{m_\ell}$$

로 인수분해되는데, $p_1, \ldots, p_\ell$ 들은 서로 다른 복소수이고, 첨수 $m_1, \ldots, m_\ell$ 들은 근의 중복도를 나타내는 자연수이며, 조건 $m_1 + \ldots + m_\ell = m$ 를 만족시키게 된다. 이로써 유리함수는 깃대 특이점들을 가지는 함수의 좋은 예가 되는 것을 알 수 있다. 따라서 깃대 특이점 p_s, $(s = 1, \ldots, \ell)$ 각각을 중심으로 하는 $f(z)$ 의 로랑 급수가 존재하고, 동시에 이 급수의 **주요 부분** (principal part)도 존재하게 된다. 이 주요부분을 $R_s(z)$ 라 두면 분자가

복소수인

$$R_s(z) = \frac{c_{s,-m_s}}{(z-p_s)^{m_s}} + \cdots + \frac{c_{s,-1}}{(z-p_s)}$$

와 같은 모양을 가진다. 유리함수는 다항식의 나눗셈 방법에 의해 다항식과 유리식을 더한 모양으로 바꿀 수 있으며, 이 때에 얻어지는 유리식은 분자의 차수가 분모의 차수보다 작게 된다.

이로부터 분수함수의 적분 계산에 중요한 역할을 하는 **부분 분수 정리** (Partial Fraction Theorem)를 얻는다.

> **정리 5.7.1 (부분 분수 정리)** 분자의 차수가 분모의 차수보다 작은 유리함수 $f(z)$ 가 주어졌다고 하자. 그러면 이 함수는 유한개의 깃대 특이점을 가지게 된다. 이제, 각 특이점에서 얻어지는 로랑 전개식의 주요 부분을 $R_1(z), \ldots, R_\ell(z)$ 라 두면,
>
> $$f(z) = R_1(z) + \ldots + R_\ell(z)$$
>
> 가 성립한다.

증명.

$$g(z) = f(z) - R_1(z) - \ldots - R_\ell(z)$$

라 두면, 이 함수의 특이점 집합은 점 $p_1, \ldots, p_\ell$ 들로만 이루어져 있다. 그러므로 이 함수는 $\mathbb{C} \setminus \{p_1, \ldots p_\ell\}$ 위의 모든 점에서 복소미분가능한 온함수이다. 이제 p_k 를 하나 택하면, $f(z) - R_k(z)$ 는 p_k 를 중심으로 하는 수렴반경이 양수인 테일러 급수이므로

결국 p_k는 이 함수의 사라지는 특이점이다. 뿐만 아니라, $R_j(z)$는 $j \neq k$ 인 경우에는 점 p_k에서 미분가능하다. 이 결론이 $k \in \{1, 2, \ldots, \ell\}$ 모두에 각각 적용되므로 결국 $g(z)$는 복소 평면 전체에서 온함수, 즉 완전함수로 확장된다. 확장된 완전함수도 $g(z)$로 적기로 하자.

한편, 분자와 분모의 차수에 관한 가정 때문에

$$\lim_{z \to \infty} f(z) = 0$$

가 성립하고 또, 당연히

$$\lim_{z \to \infty} R_j(z) = 0$$

도 성립한다. 그러므로 g는 유계 완전함수가 되는데, 그러면 리우빌의 정리에 의해 $g(z)$는 상수함수이다. 한편 바로 위의 조건 때문에 $\lim\limits_{z \to \infty} g(z) = 0$가 얻어지므로 결국

$$g(z) = 0, \forall z \in \mathbb{C}$$

를 얻게 되며, 이로써 정리의 증명이 완결된다. □

5.8 로랑 나머지 정리의 응용, 특수 적분 계산

고립 특이점에 관한 로랑(Laurent) 이론이 복소 선적분 여러 종류를 다루면서 로랑의 나머지(residue)를 이용하여 비교적 쉽게 답을 내는 것을 앞에서 보았다. 그런데 거기에서 멈추지 않고, 이 기법을 실수함수의 적분 계산에도 적용할 수 있으므로, 함수론의 전통을 따라 몇 가지 기본적인 유형의 계산을 구체적인 예를 들며 여기에 소개하려 한다. 아래에서 부분 마디 여럿으로 구성된 내용은 L. Ahlfors 교수의 명저 "Complex Analysis" [6] 5.3 마디에서 대부분 발췌하여 재구성하였다.

5.8.1 유리함수의 적분

지금 다루려는 유형의 대표적인 예는 $A = \int_{-\infty}^{+\infty} \frac{dx}{1+x^2}$가 되겠다. 이 적분은 폐구간에 잘 정의된 연속함수의 적분에 극한 개념을 더한 것이어서 매우 정확히 따진다면 전통적인 리만 적분은 아니다. 미적분학에서 **이상적분** (improper integral)이라고 부르는 이 적분의 값을 복소함수론을 이용해 계산해 보려는 것이 우리의 목표이다.

주어진 적분의 계산과 로랑 나머지 정리를 연결짓기 위해, 먼저 폐곡선 α를 두 곡선을 순서대로 붙여 구성한다. 조건 $R > 1$을 만족시키는 양수 R에 대하여, 첫 번째 곡선은

$$\alpha_1(t) = t, \quad (-R \le t \le R)$$

[6] L. Ahlfors (1979), Complex Analysis, McGraw-Hill.

로 하고, 두 번째 곡선은

$$\alpha_2(t) = Re^{it}, \quad (0 \le t \le \pi)$$

로 두면 반시계 방향성을 가지는 꺾인 C^1 폐곡선 $\alpha := \alpha_1 + \alpha_2$ 가 만들어진다. 반원 모양 폐곡선인데, 매개변수를 조정하여 $\alpha \colon [0,1] \to \mathbb{C}$를 정의할 수도 있지만, 지금의 적분 계산에서는 굳이 그럴 필요가 없다.

이제 복소 선적분

$$\tilde{A} := \int_\alpha \frac{1}{1+z^2} dz$$

를 생각하기로 하자. 그러면 피적분함수 $f(z) = \dfrac{1}{1+z^2}$ 의 특이점은 $z = \pm i$ 로 표시되는 두 점이지만 곡선 α의 내부에 있는 특이점은 $+i$ 뿐이다. 따라서 로랑 나머지 정리 (정리 5.6.2)에 의하여

$$\tilde{A} = 2\pi i \mathrm{Res}_f(i) = \pi$$

를 얻는다.

한편

$$\tilde{A} = \int_{\alpha_1} \frac{1}{1+z^2} dz + \int_{\alpha_2} \frac{1}{1+z^2} dz$$

이므로, 우변의 두 선적분을 각각 계산해 보기로 하자. 그러면, 첫 번째 적분은

$$I := \int_{\alpha_1} \frac{1}{1+z^2} dz = \int_{-R}^{R} \frac{1}{1+x^2} dx$$

가 되겠고, 두 번째 적분은

$$II := \int_0^\pi \frac{1}{1+R^2e^{2it}} \cdot iRe^{it}dt$$

가 되겠다. 이제 이들을 각각 정리해 보자. 그러면

$$|II| \le \int_0^\pi \frac{R}{R^2-1}dt = \frac{\pi R}{R^2-1}$$

를 얻는다. 이로써 $\lim_{R\to+\infty}|II| = 0$를 얻는다. 모두를 종합하면

$$\begin{aligned}\pi &= \lim_{R\to+\infty} \tilde{A} \\ &= \lim_{R\to+\infty} I \\ &= \int_{-\infty}^{+\infty} \frac{1}{1+x^2}dx\end{aligned}$$

를 얻는다.

물론 이 적분은 $(\arctan x)' = \frac{1}{1+x^2}$을 이용하여 계산할 수도 있으므로 위에 소개한 방법론이 별것 아닌 것처럼 비쳐질 수도 있을 것 같다. 하지만 이 방법론을

$$\int_{-\infty}^{+\infty} \frac{2+x^2-x^4}{(1+x^2)(16+x^4)}dx$$

에 적용해 보면 여전히 이 적분 값을, 조금은 더 복잡하지만, 부분 분수 정리 등을 사용하는 방법론보다는 조금 더 효율적으로 계산할 수 있음을 볼 수 있을 것이다. 자세히 계산해 보는 것은 독자에게 맡긴다.

5.8.2 $\int_0^{2\pi} R(\cos t, \sin t)dt$

이 형태는 $R(x,y)$가 2변수 유리함수인 경우에 만들어지는 적분이다. 이 적분의 값을 복소 선적분 및 나머지정리와 연계하여 계산하는 방법을 배워 보기로 하자. 대표적인 예로는

$$A = \int_0^{2\pi} \frac{4}{5+3\cos x}dx$$

를 들 수 있겠으므로 이 예를 다루기로 하자.

이런 적분의 경우에는 매개변수 방정식 $z(t) = e^{it}, (0 \le t \le 2\pi)$가 표시하는 반시계 방향성을 가지는 단위원 곡선 α를 사용하는 것이 편리하다. 그러면 $z = e^{it}$로부터

$$dz = ie^{it}dt, \quad dt = \frac{dz}{iz}$$
$$\cos t = \frac{e^{it}+e^{-it}}{2} = \frac{z^2+1}{2z}$$

등을 이용할 수 있다. 따라서

$$\begin{aligned} A &= \int_0^{2\pi} \frac{8dt}{5+\frac{3}{2}(e^{it}+e^{-it})} \\ &= \frac{8}{i}\int_0^{2\pi} \frac{ie^{it}dt}{10e^{it}+3(e^{2it}+1)} \\ &= 16\pi \cdot \frac{1}{2\pi i}\int_\alpha \frac{dz}{3z^2+10z+3} \end{aligned}$$

를 얻으며, 이로부터 $f(z) = \dfrac{1}{(3z+1)(z+3)}$에 나머지 정리를

응용하여

$$\begin{aligned} A &= 16\pi \ \mathrm{Res}_f(-\frac{1}{3}) \\ &= 16\pi \cdot \frac{1}{-\frac{1}{3}+3} \\ &= 6\pi \end{aligned}$$

를 얻으므로 풀이가 끝난다.

5.8.3 $\int_{-\infty}^{+\infty} R(x)e^{ix}dx$

여기에 등장한 R은 전과 마찬가지로 유리함수를 표시한다. 그러므로 이 경우의 대표적인 기본 예제 중에서 조금 (개념적으로) 어려운 것을 고르면

$$A = \int_{-\infty}^{+\infty} \frac{\sin x}{x} dx, \quad B = \int_{-\infty}^{+\infty} \frac{\cos x}{x} dx$$

등을 들 수 있겠다. 그러나, 이 경우는 실제로 리만 적분, 심지어는 르베그 (Lebesgue) 적분 개념으로도 정의되기 어려워서, 이상적분 (improper integral) 개념으로 이해하는 것이 옳다는 점을 알 수 있다. 그럼에도 어려움은 거기에서 멈추지 않아서, 이상적분 개념으로 보더라도 B는 특히, 명확한 의미를 가지지 못한다! 그 이유는,

$$\lim_{r\downarrow 0} \int_{r}^{1} \frac{dx}{x} = +\infty$$

가 성립하여, 양수 a, b에 대하여 이상적분 $\int_{-a}^{b} \frac{dx}{x}$의 값이 하나로 결정되지 않기 때문이다. 그러나 **코시 주요 적분값** (Cauchy principal value)이라고 부르는 개념

$$\text{pr. v.} \int_{-a}^{b} \frac{dx}{x} := \lim_{r \downarrow 0} \Big(\int_{-a}^{-r} \frac{dx}{x} + \int_{r}^{b} \frac{dx}{x} \Big)$$

를 생각하면, 이 값도 정의될 수 있다. 그러므로 위에 소개된 A, B는 이상적분의 코시 주요값 (= 코시 주요 적분값)으로서 의미를 가지게 되는데, 이로부터 좋은 응용이 얻어질 예정이므로, 지금은 이 관점을 받아들여 사용해 보자.

이제, A, B를 이해하기 위해 사용할 선적분을 선택하려 한다. 선적분

$$\tilde{A} = \int_{\alpha} \frac{e^{iz}}{z} dz$$

가 당연한 선택으로 보이는데, 그렇다면 폐곡선 α도 적절히 선택해야 한다. 우선 x축 위의 구간 $[-R, +R]$을 얼마든지 큰 양수 R의 경우에 포함시키고 싶은데 원점이 문제를 일으킬 경우를 고려하여 원점 근처에서는 반지름 $r > 0$인 원을 사용하여 원점을 우회하고 후에 r이 0으로 수렴할 경우를 처리하기로 한다. 이제 로랑 나머지 개념을 이용하기 위해 곡선을 닫으려 하는데 피적분함수 e^{iz}/z를 고려하여 아래 그림과 같이 4개의 점 $R, R + ib, -R - ib, -R$ 들을 직선분으로 연결하여 단순 폐곡선 α를 완성한다.

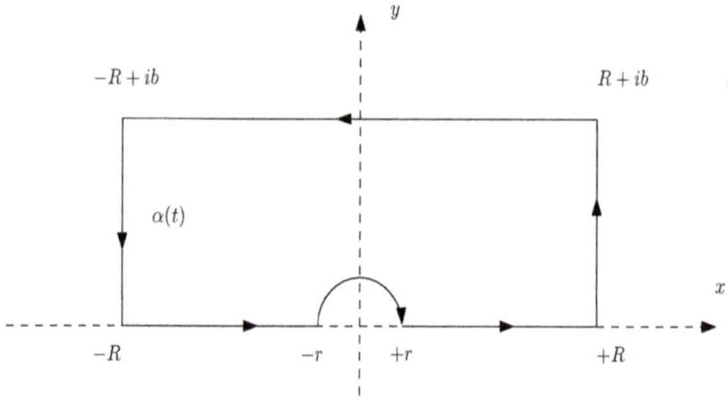

이제

$$
\begin{aligned}
\mathrm{I} &:= \int_{-R}^{-r} \frac{e^{ix}}{x} dx + \int_{r}^{R} \frac{e^{ix}}{x} dx \\
\mathrm{II} &:= i\int_{0}^{b} \frac{e^{R+iy}}{R+iy} dy - i\int_{0}^{b} \frac{e^{-R+iy}}{-R+iy} dy \\
\mathrm{III} &:= -\int_{-R}^{R} \frac{e^{x+ib}}{x+ib} dx \\
\mathrm{IV} &:= -\int_{0}^{\pi} \frac{e^{ir(\cos t + i\sin t)}}{re^{it}} ire^{it} dt
\end{aligned}
$$

라고 두면,

$$
\begin{aligned}
0 &= \int_{\alpha} \frac{e^{iz}}{z} dz \\
&= \mathrm{I} + \mathrm{II} + \mathrm{III} + \mathrm{IV}
\end{aligned} \tag{5.4}
$$

가 성립한다. 따라서 우리는, 위에 소개된 식 네 개를 각각 정리하고, 적절한 극한을 취함으로써 목표를 성취하려 한다.

수식 I을 먼저 생각하자. $e^{ix} = \cos x + i\sin x$ 를 생각하면,

우선 $\sin x$가 홀함수이므로 수식 I의 허수부에 관하여는

$$\mathrm{Im}\, I = 2\int_r^R \frac{\sin x}{x}dx$$

를 얻게 되고, 수식 I의 실수부에 관하여는 $\cos x$가 짝함수이므로

$$\mathrm{Re}\, I = \int_r^R \frac{\cos x}{x}dx + \int_r^R \frac{\cos x}{x}dx = 0$$

를 얻는다. 따라서

$$\mathrm{I} = 2i\int_r^R \frac{\sin x}{x}dx$$

가 성립함을 알 수 있다.

다음은 적분 Ⅳ를 생각하자.

$$\left| i\int_\pi^0 e^{ir\cos t - r\sin t}dt \right| \leq \int_0^\pi e^{-r\sin t}dt \leq \pi$$

가 임의의 $r > 0$에 대하여 성립하므로,

$$\lim_{r\downarrow 0} \mathrm{IV} = -i\int_0^\pi \lim_{r\downarrow 0} e^{ir(\cos t + i\sin t)}dt = -\pi i$$

를 얻게 된다.

다른 한 편, b가 무한히 커지는 경우에는 R의 양수값이 유한한 범위에 머무는 경우에

$$\lim_{b\to+\infty} \mathrm{III} = 0$$

가 성립하고, 또 b가 임의의 유한한 범위에 머무는 동안에

$$\lim_{R\to+\infty} \mathrm{II} = 0$$

가 성립한다. 물론

$$\lim_{\substack{r\downarrow 0 \\ R\to+\infty}} \mathrm{I} = 2i\int_0^{+\infty} \frac{\sin x}{x}dx$$

라는 식을 (필요하다면 **코시 주요 적분값** (Cauchy principal value) 개념을 이용하여) 얻는다.

이제까지의 결과를 등식 (5.4)에 대입하고, $b \to +\infty$를 따라 극한을 먼저 취하고, 그 다음 $R \to +\infty$를 따라 극한을 취하고, 마지막으로 $r \downarrow 0$를 따라 극한을 취하여, 아래 결과

$$\int_{-\infty}^{+\infty} \frac{\cos x}{x} = 0 \quad (\text{코시 주요 적분값})$$
$$\int_{-\infty}^{+\infty} \frac{\sin x}{x} = \pi \quad (\text{코시 주요 적분값})$$
$$\int_0^{+\infty} \frac{\sin x}{x}dx = \frac{\pi}{2} \quad (\text{이상적분값})$$

를 얻는다.

연습 문제

이 마디의 토의는 적분이 르베그 (Lebesgue) 적분으로 존재하지 않는 경우를 다루려 했기에 어려운 점이 있었다. 그런 어려움이 없는 경우의 예도 다루어 보며 이 마디에서 소개한 방법론을 적

용해 보자.

문제 5.8.1 이상적분 $\int_{-\infty}^{+\infty} \frac{\cos x}{1+x^2} dx$ 의 값을 계산하여라.

문제 5.8.2 이상적분 $\int_{0}^{+\infty} \frac{\sin x}{x(1+x^2)} dx$ 의 값을 계산하여라.

5.8.4 $\int_0^{+\infty} x^a R(x) dx$

제목에 제시한 적분식 A의 피적분함수에 등장한 $R(x)$는 전과 마찬가지로 유리함수이고, a는 양수이다. 이 경우의 대표적인 예제로

$$A = \int_0^{+\infty} \frac{\sqrt[3]{x}}{1+x^2} dx$$

를 들기로 하겠다. 이런 경우에는 x의 음수값에 대하여 피적분함수가 실수 값을 가지는 함수로 잘 정의되지 않으므로 적분을 $x > 0$ 가 성립하는 범위에서 고려하는 것이 합리적이다. 그렇다면

$$z^{\frac{1}{3}} = e^{\frac{1}{3}\log z} = e^{\frac{1}{3}(\ln|z| + i \arg z)}$$

임을 고려하여 적절한 구분적으로 매끄러운 단순 폐곡선 α를 선택하여

$$\tilde{A} = \int_\alpha \frac{z^{\frac{1}{3}}}{1+z^2} dz$$

를 이용하려는 시도는 자연스런 선택이겠다. 피적분함수의 특이점들이

$$0, \pm i$$

들이므로 곡선 α 를 선택하되 거의 0에 가까운 양수 θ_0와 ϵ,

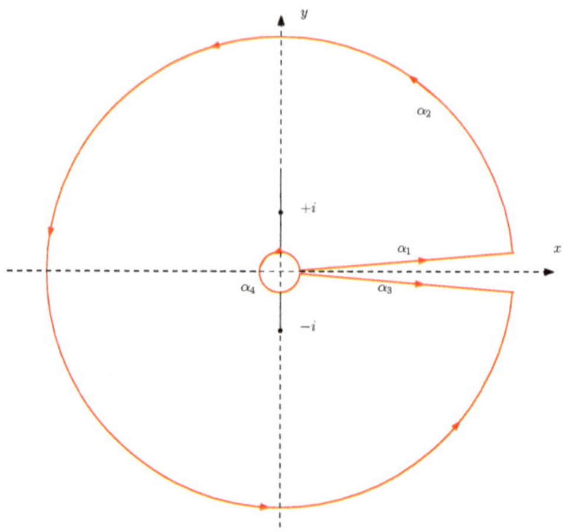

그림 5.1: 열쇠 구멍 곡선 (Key-hole contour)

그리고 R의 충분히 큰 양수 값에 대하여,

$$\alpha_1(t) = te^{i\theta_0}, \qquad (\epsilon \le t \le R)$$
$$\alpha_2(t) = Re^{it}, \qquad (\theta_0 < t < 2\pi - \theta_0)$$
$$\alpha_3(t) = te^{i(2\pi-\theta_0)}, \qquad (\epsilon \le t \le R)$$
$$\alpha_4(t) = \epsilon e^{it}, \qquad (\theta_0 < t < 2\pi - \theta_0)$$

들을 설정하고

$$\alpha = \alpha_1 + \alpha_2 - \alpha_3 - \alpha_4$$

로 두면, 위 그림과 같이 "열쇠구멍 모양" 폐곡선이 결정된다.[7]

[7]영어권에서 이 곡선을 "key-hole" 이라고 부르기도 한다.

이제 이런 α에 대하여 구성된 복소 선적분 $\tilde{A}$를 생각하되 복소 로그함수는 표준 가지함수를 택하는 것이 자연스러우므로 그렇게 선택하기로 하자. 그러면, 로랑의 나머지 정리에 의하여

$$\begin{aligned}
\tilde{A} &= \int_{\alpha} \frac{z^{\frac{1}{3}}}{1+z^2} dz \\
&= 2\pi i\big(\mathrm{Res}_f(-i) + \mathrm{Res}_f(+i)\big) \\
&= 2\pi i\Big(\frac{1}{-2i} e^{\frac{1}{3}(\ln 1 + i\frac{3\pi}{2})} + \frac{1}{2i} e^{\frac{1}{3}(\ln 1 + i\frac{\pi}{2})}\Big) \\
&= \pi(-e^{i\frac{\pi}{2}} + e^{i\frac{\pi}{6}}) \\
&= \pi\big(-i + \cos\frac{\pi}{6} + i\sin\frac{\pi}{6}\big) \\
&= \pi\Big(\frac{\sqrt{3}}{2} - \frac{i}{2}\Big)
\end{aligned}$$

를 얻게 된다. 한편, $R \to +\infty$, $\theta_0 \downarrow 0$, $\epsilon \downarrow 0$ 등을 어느 순서를 택하여 극한값을 취하여도 바로 위의 값은 변하지 않는데 비해서 극한을 취하는 과정을 통해

$$\int_{\alpha_1} \frac{z^{\frac{1}{3}}}{1+z^2} dz \to \int_0^{\infty} \frac{\sqrt[3]{x}}{1+x^2} dx$$

를 얻는다. 계속해서

$$\int_{\alpha_2} \frac{z^{\frac{1}{3}}}{1+z^2} dz = \int_{\theta_0}^{2\pi-\theta_0} \frac{R^{\frac{1}{3}} e^{it/3}}{1+R^2 e^{2it}} iRe^{it} dt$$

로부터

$$\begin{aligned}\Big|\int_{\alpha_2}\frac{z^{\frac{1}{3}}}{1+z^2}dz\Big| &\le 2\pi\frac{R^{4/3}}{R^2-1}\\ &\to 0\end{aligned}$$

도 얻는다. 이제

$$\begin{aligned}\int_{-\alpha_3}\frac{z^{\frac{1}{3}}}{1+z^2}dz \to -\int_0^\infty \frac{e^{\frac{1}{3}(\ln x+i(2\pi))}}{1+x^2}dx\\ &= -e^{\frac{i2\pi}{3}}\int_0^\infty\frac{\sqrt[3]{x}}{1+x^2}dx\\ &= (-\cos\frac{2\pi}{3}-i\sin\frac{2\pi}{3})A\\ &= \Big(\frac{1}{2}-i\frac{\sqrt{3}}{2}\Big)A\end{aligned}$$

도 얻으며, 마지막으로

$$\int_{-\alpha_4}\frac{z^{\frac{1}{3}}}{1+z^2}dz = -\int_{\theta_0}^{2\pi-\theta_0}\frac{\epsilon^{1/3}e^{it/3}}{1+\epsilon^2e^{2it}}i\epsilon e^{it}dt$$

로부터

$$\begin{aligned}\Big|\int_{-\alpha_4}\frac{z^{\frac{1}{3}}}{1+z^2}dz\Big| &\le \frac{2\pi\epsilon^{\frac{4}{3}}}{1-\epsilon^2}\\ &\to 0\end{aligned}$$

까지 모두 얻게 된다. 이제까지 얻은 결과를 모두 종합하면

$$\begin{aligned}\pi\Big(\frac{\sqrt{3}}{2}-\frac{i}{2}\Big) &= \lim \tilde{A} \\ &= A+\Big(\frac{1}{2}-i\frac{\sqrt{3}}{2}\Big)A \\ &= \sqrt{3}A\Big(\frac{\sqrt{3}}{2}-\frac{i}{2}\Big)\end{aligned}$$

를 얻고, 따라서 최종적으로 $A=\frac{\sqrt{3}}{3}\pi$, 즉

$$\int_0^{+\infty}\frac{\sqrt[3]{x}}{1+x^2}dx=\frac{\sqrt{3}}{3}\pi$$

를 얻는다.

5.8.5 보충 토의

이제까지 다룬 내용을 보면, 수학적으로 의미가 있는 실함수의 적분 계산에 도움이 되는 복소 선적분을 발견하는 데에는 복소 피적분함수는 물론이고, 적합한 곡선을 찾는 것이 매우 중요하다는 점이 분명하다. 하지만 그러하기에, 이런 과정은 경험에 의해 몇 가지 대상을, 즉 복소 선적분을 이루는 곡선과 피적분함수 등을 "현명하게" 짐작(!)해야 한다는 점에서 어려움이 있다. 여기에 든 예가 독자들이 마주하게 될 문제에 필요한 "현명한 짐작"에 도움이 되기를 바란다.

여기에 든 기본적인 예 외에도 복소 선적분과 나머지 정리가 응용되는 경우는 많은 편이다. 특수함수들 (제타 함수를 비롯한 유명한 함수들) 에 대한 특정한 값을 계산하는 등, 좋은 예와 절

묘한 계산법 등이 많이 알려져 있지만, 이 책에서는 이 정도에서 멈추려 한다.

연습 문제

문제 5.8.3 이상적분 $\displaystyle\int_{-\infty}^{+\infty} \frac{\cos x}{1+x^2}dx$ 의 값을 계산하여라.

문제 5.8.4 이상적분 $\displaystyle\int_{-\infty}^{+\infty} \frac{2+x^2-x^4}{(1+x^2)(16+x^4)}dx$ 의 값을 두 가지 방법을 통하여 각각 계산하여라. 먼저 복소 선적분을 이용하여 계산하고, 두 번째는 부분 분수 방법을 사용하여 계산하여라.

문제 5.8.5 $\displaystyle\int_0^{\pi} \ln(\sin x)dx = -\pi \ln 2$ 임을 보여라.

[귀띔: $1 - e^{2iz} = -2ie^{iz}\sin x$ 를 이용하여라. $\log(1 - e^{2iz}), (-\pi < \arg z < \pi)$ 로 주어지는 '가지함수'가 음수축을 제외한 모든 점에서 온함수라는 점이 도움이 될 것이다. 선적분을 위한 곡선은 복소 평면 위의 네 점 $0, \pi, \pi + iB, iB$ 를 잇는 사각형을 쓰되, 원점과 π 를 피하도록 작은 4분원을 사용하여 조정하는 편이 좋겠다.]

문제 5.8.6 $\displaystyle\int_0^\infty \frac{\sqrt{x}}{1+x^3}dx$ 의 값을 계산하되 아래 제시한 방법들을 검토하고 사용해 보아라.

(1) "열쇠 구멍 곡선"을 사용하여 계산하여라.

(2) $x = t^2$ 치환을 사용하여 보아라. 개선된 점이 있는가?

(3) 아래 그림과 같은 4개의 곡선 조합으로 이루어진 단순 폐곡선을 이용하여 계산해 보아라.

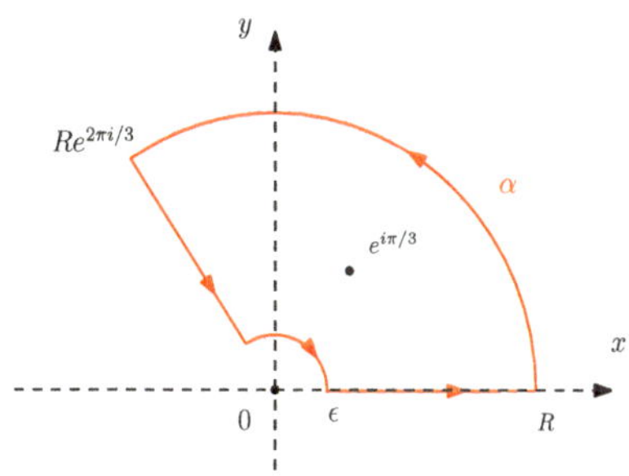

그림 5.2: 부채꼴 곡선 (Fan-shaped contour)

6

편각 원리 (Argument Principle)

6.1 온함수의 영점

영역 U 위에 정의된 상수함수가 아닌 온함수 f가 조건 $f(p) = 0$를 만족시킨다고 하자. 그러면 적당한 양수 r과 자연수 m 및 조건 $|g(z)| > 0$를 만족시키는 온함수 $g\colon D(p,r)$ 등이 존재하여

$$f(z) = (z-p)^m g(z), \forall z \in D(p,r)$$

가 성립한다. 이 때, 자연수 m을 0점 p의 **중복도** (multiplicity) 라 부르고, p를 f의 m**중근** (root with mulitiplicity m) 이라고 부른다. 이 경우 p 점의 위치에 근이 m개 중첩되어 있다고 생각하는 것인데, 그렇다면 f는 원반 $D(p,r)$ 위에서 몇 개의 근을 가진다고 해야 할까?

이를 m개로 세는 경우에는 **중복도를 고려한 근의 개수** (number of roots counting multiplicity) 라는 표현을 쓰고, 한 개로 세는 경우에는 **중복도를 고려하지 않은 근의 개수** (number of roots without counting multiplicity) 라는 표현을 쓴다.

정리 6.1.1 **꺾인 C^1 단순 폐곡선 $\alpha\colon [0,1] \to U$ 와 이 곡선으로 둘러싸인 영역을 모두 포함하는 영역 U 위에 정의된 상수함수가 아닌 온함수 $f\colon U \to \mathbb{C}$가 주어졌다고 하자.**

곡선 α에 반시계 방향성을 가지는 매개변수 방정식을 부여하고, 또 이 곡선의 자취(=궤적) 위에는 f 의 영점이 없다고 가정하자. 그리고 이 곡선 안에 있는 중복도를 고려한 근, 즉 0점의 개수를 N이라 두면, 공식

$$N = \frac{1}{2\pi i}\int_{\alpha}\frac{f'(z)}{f(z)}dz$$

가 성립한다.

증명. 상수함수가 아닌 온함수의 0점은 모두 분산되어 있고, 곡선 α로 둘러싸인 영역과 곡선 자신의 자취의 합집합은 옹근(compact) 집합이므로 0점의 개수는 유한하다. 이제 서로 다른 0점들을

$$p_1, \ldots, p_k$$

라고 쓰고, 이들의 중복도를 각각 $m_1, \ldots, m_k$ 라 하면 (중복도를 고려한) 근의 개수는 $N = m_1 + \ldots + m_k$ 가 된다.[1]

이제 서로 다른 첨수 j, k에 대해서는 $E(p_j, r_j) \cap E(p_k, r_k) = \varnothing$ 가 항상 성립하도록 양수 $r_1, \ldots, r_k$를 선택하자. 그리고 임의의 $\ell \in \{1, \ldots, k\}$ 에 대하여 α_j의 매개변수방정식을 $z(t) = p_j + r_j e^{it}, (0 \leq t \leq 2\pi)$로 두도록 하자. 그러면 $E(p_j, r_j)$ 위에서는 온함수 $g_j\colon E(p_j, r_j) \to \mathbb{C} \setminus \{0\}$이 존재하여

$$f(z) = (z - p_j)^{m_j} g_j(z), \forall z \in E(p_j, r_j)$$

[1]이 장에서는 "근의 개수" 가 중복도를 고려한 개념을 의미한다.

가 성립하게 된다. 그러므로

$$\frac{f'(z)}{f(z)} = \frac{m_j}{z-p_j} + \frac{g'(z)}{g(z)}$$

가 성립하고, 따라서

$$\begin{aligned}\frac{1}{2\pi i}\int_{\alpha_j}\frac{f'(z)}{f(z)}dz \\ &= \frac{m_j}{2\pi i}\int_{\alpha_j}\frac{1}{z-p_j}dz + \frac{1}{2\pi i}\int_{\alpha_j}\frac{g'(z)}{g(z)}dz \\ &= \frac{m_j}{2\pi i}\int_{\alpha_j}\frac{1}{z-p_j}dz = m_j.\end{aligned} \tag{6.1}$$

이제 **그린의 영역나누기 방법** (Green's subdivision method)을 적용하면

$$\begin{aligned}\frac{1}{2\pi i}\int_{\alpha}\frac{f'(z)}{f(z)}dz \\ &= \frac{1}{2\pi i}\int_{\alpha_1+\ldots+\alpha_k}\frac{f'(z)}{f(z)}dz \\ &= \sum_{j=1}^{k}\frac{1}{2\pi i}\int_{\alpha_j}\frac{f'(z)}{f(z)}dz \\ &= m_1+\ldots+m_k \\ &= N\end{aligned}$$

를 얻으며, 이것으로 증명이 마무리된다. □

6.2 편각 원리

앞 마디의 정리 6.1.1을, 보다 정확히 말하자면 이 정리를 성립하게 하는 원리를, “**편각 원리** (argument principle)” 라고 부른다. 이 원리가 무엇인지, 그리고 이런 이름이 붙은 이유가 무엇인지 등을 이해해 보기로 하자.

우선, 피적분함수 $f'(z)/f(z)$를 보면 이는 $\log f(z)$ 의 도함수 모양을 하고 있다. 아, 물론 복소 로그함수는 정확히 말하자면 함수가 아니다. 하지만 $\log z = \ln|z| + i\arg z$ 를 일단 $-\pi < \arg z \leq \pi$ 범위로 국한시킨 다음 원점과 x 의 음수축을 제외한 곳이라면 모든 점에서 미분이 가능하고, 그 도함수는 z^{-1} 이다. 한편, 음수축 위에 있는 점, 즉 $z_0 \neq 0$ 이고 $\arg z = \pi$ 인 점에서는 어떤가? 이제

$$h(z) := \ln|z| + i\arg z, \ (\pi - 0.1 < \arg z < \pi + 0.1)$$

를 생각하면, 이 함수는 지금 선택된 범위 $\pi - 0.1 < \arg z < \pi + 0.1$ 에서 온함수이며, $h(z)$는 범위 $\pi - 0.1 < \arg z < \pi$ 에서는 복소 로그함수의 “표준 가지 (the prinicipal branch)” 와 정확히 일치한다. 그러므로 복소 로그함수의 표준 가지가 지금 생각하는 $h(z)$로 자연스럽고도 유일하게 확장되고, 그 도함수 역시 확장되며, 도함수는 여전히 z^{-1} 임이 바로 확인된다. 따라서 이를 로그함수의 가지들 사이의 이음새 점에 적용하면, 백 수십 년 전의 복소함수론 책에 선배 학자들이 기록한 바와 같이

> “복소 로그 $\log z$는 함수가 아니지만 그 도함수는 원점 이외에서는 어디에서나 잘 정의된 함수 $1/z$ 이다.”

라는, 약간은 (수학자에게는) 미소를 짓게 해 주는, 문장을 이해할 수 있게 된다.

그러면 매개변수 방정식 $z(t) = p_j + r_j e^{it},\ t \in [0, 2\pi]$ 로 주어진 반시계 방향성을 가지는 원 α_j 에 관하여 등식

$$m_j = \frac{1}{2\pi i} \int_{\alpha_j} \frac{f'(z)}{f(z)} dz$$

는 또 다른 의미를 가진다. 복소 로그를 (다중함수인 채로) 사용하면

$$\begin{aligned}
\frac{1}{2\pi i} \int_{\alpha_j} \frac{f'(z)}{f(z)} dz &= \frac{1}{2\pi i} \int_{\alpha_j} \frac{\partial(\log f(z))}{\partial z} dz \\
&= \frac{1}{2\pi i} \int_{\alpha_j} \frac{\partial(\log f(z))}{\partial z} dz \\
&= \Big[\log |f(z)| \Big]_{\alpha_j(0)}^{\alpha_j(2\pi)} + \frac{1}{2\pi} \int_0^{2\pi} \frac{d \arg[f(\alpha_j(t))]}{dt} dt \\
&= \frac{1}{2\pi} \int_0^{2\pi} \frac{d \arg[f(\alpha_j(t))]}{dt} dt
\end{aligned}$$

를 얻는다. 따라서 충분히 잘게 쪼갠 분할

$$0 = t_0 < t_1 < t_2 < \cdots < t_N = 2\pi$$

을 사용하여 마지막 적분을 표시할 수 있고, 이는 결국

$$m_j = \frac{1}{2\pi} \sum_{\ell=1}^{N} \big(\arg f(z(t_\ell)) - \arg f(z(t_{\ell-1})) \big)$$

을 얻게 해 준다. 물론, 적분의 값은 정의에 의해, 분할의 그물코

의 굵기

$$\max_{1\leq j\leq N}|t_j - t_{j-1}|$$

가 0으로 수렴함에 따른 극한을 취해야 하지만, 최종 답이 자연수이므로 분할을 충분히 잘게 쪼갠 이후에는 값이 모두 같아서 위와 같이 극한을 취하지 않아도 등식이 성립한다. 그러므로, 이를 잘 보면 결국 반시계 방향성을 가지는(!) 폐곡선 $w(t) := f\circ\alpha_j(t)$, $(0\leq t\leq 2\pi)$이 원점 $0(=f(p))$ 주변을 반시계 방향으로 감는(!) 횟수를 나타낸다는 것을 알 수 있다. 이것은 직관적으로 말하자면, 곡선 $f\circ\alpha_j$를 따라 일어나는 편각의 변화를 (사실은 편각 변화의 총합을) 이용하는 원리이므로, 위의 **정리 6.1.1** 가 대표하는 방법론의 이름으로 "**편각 원리**" 라는 표현을 쓰는 것이다. 매우 적절해 보인다.

6.3 감는 횟수; 코시 적분공식 정리 재방문

이제까지의 이론 전개에 등장하는 한 점을 주어진 곡선이 "감는 횟수 (winding number)" 를 따로 정의하는 것도 의미가 있다.

정의 6.3.1 (감는 횟수) 복소 평면 위의 한 점 p와 이 점을 지나지 않는 꺾인 C^1 폐곡선 α가 매개변수 방정식과 함께 주어졌다면,

$$\mathrm{Ind}_\alpha(p) = \frac{1}{2\pi i}\int_\alpha \frac{dz}{z-p}$$

를 **폐곡선 α가 점 p를 감는 횟수** (winding number of α around p) 라고 부르기로 한다.

"감는 횟수" 개념은 복소함수론의 범위를 넘어서도 정의되지만 여기에서는 더 이상의 설명은 하지 않으려 한다. 한편, 이렇게 정의한 감는 횟수는 정수값을 가지는데, 음수값도 가능하다. 단순 폐곡선의 경우 한 점을 감는 횟수가 -1 인 경우가 생기는데, 이는 원, 사각형 등등 매우 단순한 단순 폐곡선의 경우에 곡선이 내부 점을 시계 방향으로 감으면 발생한다. 따라서 오히려 역으로 "감는 횟수" 개념을 통해 단순 폐곡선의 방향성이 시계 방향인지 반시계 방향인지를 정의하는 것도 가능하다. (이 책의 이론 전개에서는, 이제까지 반시계 방향성을 직관적인 '통념' 을 따라 이해하고 사용하였지만, 수학적으로는 감는 횟수를 통해 정의하는 편이 나아 보인다.) 그렇게 하고 나면, 코시 적분공식도 아래와 같이 일반화 할 수 있다.

정리 6.3.1 (코시 적분 정리) **단순 연결 영역 U 에 포함되는 매개변수 방정식으로 표현되는 폐곡선 α 와 폐곡선 위에 있지 않은 점 $p \in U$ 및 온함수 $f : U \to \mathbb{C}$ 가 주어졌다면,**

$$f(p) \cdot \mathrm{Ind}_\alpha(p) = \frac{1}{2\pi i}\int_\alpha \frac{f(z)}{z-p}dz$$

가 성립한다.[a]

[a] α가 점 p를 감는 방향이 시계 방향이면 $\mathrm{Ind}_\alpha(p) < 0$가 성립한다.

편각 원리의 응용을 더하여 얻는 결과도 풍성하다. 몇 가지만 배워 보기로 하자.

6.4 열린함수 정리

정리 6.4.1 (열린함수 정리) **만약 영역 U 위에 정의된 함수 $f: U \to \mathbb{C}$가 상수함수가 아닌 온함수이면, 집합 $f(U) = \{f(q) \in \mathbb{C}: q \in U\}$ 도 영역, 즉 연결된 열린 집합이다.**

증명. 점 $q \in f(U)$ 를 임의로 선택하자. 그러면 $q = f(p)$를 만족하는 $p \in U$가 존재한다. 그러면 $D(p, 2r_0) \subset U$ 가 성립하도록 양수 r_0을 택할 수 있다. 그리고 또, 조건 $0 < s < r_0$ 를 만족하는 양수 s 중에서 $f(q) \notin f(\partial D(p,s))$ 가 성립하는 s가 반드시 존재해야 한다. 그렇지 않다면 p로 수렴하는 서로 다른 복소수로 이루어진 수열 p_j 가 존재하고 $f(p_j) = q = f(p)$ 가 성립하게 되는데, 그렇게 되면 온함수 f 가 U에 속하는 임의의 점 z에 대하여 $f(z) = q$를 만족하게 되어 결국 상수함수가 되어, 가정에 모순이 되기 때문이다.

이제 α가 매개변수 방정식 $z(t) = p + se^{it}, (0 \le t \le 2\pi)$ 로 표현되는 곡선이라고 하자. 그러면 매개변수 방정식 $w(t) = f(z(t))$ 로 표현되는 곡선 $f \circ \alpha$ 는 폐곡선이며,

$$m(q) := \frac{1}{2\pi i} \int_\alpha \frac{(f(z)-q)'}{f(z)-q} dz$$

는 자연수이다. 이 값이 집합 $f^{-1}(q) \cap D(p,s)$의 원소의 개수와 같기 때문이다.

위의 구성에 의해 q가 $f(z(t))$의 원소일 수 없으므로, $f \circ \alpha$의 자취를 K로 표시하면 이 집합이 옹근(compact) 집합이어서 적당한 $\delta > 0$ 에 대하여 $D(q,\delta) \cap K = \varnothing$ 가 성립해야 한다.

따라서

$$m(w) := \frac{1}{2\pi i}\int_{\alpha} \frac{f'(z)}{f(z)-w}dz$$

가 $D(q,\delta)$ 위에 잘 정의된 함수이면서, w 를 변수로 하여 정의되는 온함수라는 것을 적분 기호 아래 미분 방법론 (정리 2.5.3)이 알려 준다. 따라서 $m(w)$는 $D(q,\delta)$ 위에 정의된 연속함수이면서 정수 값을 가지므로, 상수함수일 수밖에 없다. 그런데 $m(q) \geq 1$ 이므로 임의의 $w \in D(q,\delta)$ 에 대하여 $m(w) = m(q) \geq 1$ 가 성립해야 하고, 이는 곧 $D(q,\delta) \subset f(U)$ 가 성립함을 의미한다.

한편, 점 q 가 집합 $f(U)$ 에서 임의로 선택되었으므로, 이로부터 $f(U)$가 열린 집합이라는 결론을 얻는다. 따라서 증명이 완결되었다. □

따름정리 6.4.2 열린 집합 V 위에 정의된 온함수 $f: V \to \mathbb{C}$가 조건 $f(z) = \overline{f(z)}, \forall z \in V$ 를 만족하면 f는 상수함수이다.

실수 직선은 공집합을 제외한 어떤 열린 집합도 포함할 수 없으므로 이 따름정리의 증명은 열린함수 정리로부터 바로 따라온다. 같은 이유로 치역이 포함할 수 있는 열린 집합이 공집합밖에 없는 경우라면 굳이 치역이 실수 직선에 들어 있지 않더라도 같은 결론, 즉 해당 온함수는 상수함수라는 결론을 얻는다. 더 많은 응용이 있겠지만 우리는 이 정도에서 멈춘다.

6.5 역함수의 적분 표현

영역 U 위에 정의된 온함수 $f: U \to \mathbb{C}$가 주어졌다고 하자. 열린함수 정리 (정리 6.4.1)에 의하면, $f(U)$ 는 한 점으로 이루어진 집합이거나 (f가 상수함수인 경우), 아니면 공집합이 아닌 열린 집합이어야 한다. 지금은 후자의 경우를 다루겠고, 따라서 $V := f(U)$ 가 공집합이 아닌 열린 집합이라고 하자.

더 나아가, 만약 f가 단사함수이기도 하면, $f: U \to V$ 가 1-1 대응함수 (bijective map)이므로 역함수 $f^{-1}: V \to U$가 잘 정의되는데, 열린함수 정리에 의해 역함수 f^{-1} 도 연속함수라는 사실을 알 수 있게 되었다. 하지만 역함수 f^{-1}가 온함수인지는 조사해 봐야 한다.

$w_0 \in V$를 임의로 선택하자. 그러면 $f(z_0) = w_0$ 와 $z_0 = f^{-1}(w_0)$ 를 만족하는 $z_0 \in U$가 유일하게 결정된다. 이제 함수 $g(z) = f(z) - w_0$ 를 생각하면, z_0는 단사 온함수 $g: U \to \mathbb{C}$의 유일한 영점이다. 물론 조건 $E(z_0, r) \subset U$ 를 만족시키는 양수 r이 존재한다. 그리고 조건

$$g(z) = (z - z_0)h(z), \forall z \in U$$

를 만족하는 온함수 $h: U \to \mathbb{C} \setminus \{0\}$도 존재해야 한다.

이제 매개변수 방정식 $z(t) = z_0 + re^{it}, (0 \leq t \leq 2\pi)$ 가 표현하는 곡선 β 를 생각하면 임의의 $\zeta \in D(z_0, r)$ 에 대하여

$$\frac{zg'(z)}{g(z)} = \frac{z}{z - z_0} + \frac{zh'(z)}{h(z)}$$

가 성립하므로

$$\begin{aligned}\frac{1}{2\pi i}\int_\beta \frac{zg'(z)}{g(z)}dz &= \frac{1}{2\pi i}\int_\beta \frac{z}{z-z_0}dz + \frac{1}{2\pi i}\int_\beta \frac{zh'(z)}{h(z)}dz\\ &= \frac{1}{2\pi i}\int_\beta \frac{z}{z-z_0}dz\\ &= z_0\end{aligned}$$

를 얻고, 이로부터

$$f^{-1}(w_0) = z_0 = \frac{1}{2\pi i}\int_\beta \frac{zf'(z)}{f(z)-w_0}dz$$

를 얻게 된다. 이 논증에서 w_0가 임의로 선택되었던 점을 고려하여 아래 정리를 얻는다.

정리 6.5.1 (바이에르슈트라스) 닫힌 원반 $E(z_0, r)$ 위에 정의된 단사 온함수 $f\colon E(z_0, r) \to \mathbb{C}$가 주어졌다고 하자. 점 $w_0 = f(z_0)$와, 매개변수 방정식 $z(t) = z_0 + re^{it}, (0 \leq t \leq 2\pi)$ 가 표현하는 곡선 β를 생각하면 f의 역함수 f^{-1}가 적분 공식

$$f^{-1}(w) = \frac{1}{2\pi i}\int_\beta \frac{zf'(z)}{f(z)-w}dz$$

로 표현되고, 점 w_0의 열린 근방에 정의된 온함수를 이룬다. 결론적으로, 역함수 f^{-1}는 집합 $f(E(z_0, r))$ 위에 정의된 온함수이다.

6.6 루셰의 정리

관계식

$$A := \{z \in \mathbb{C} : |1 - z| < 1\}$$

로 정의되는 집합 A는 중심이 1에 있고 반지름이 1인 열린 원반이므로 원점을 포함하지 아니한다. 따라서, 이 원반 안에 있는 폐곡선은 원점을 감지 못한다. 다시 말하면, 원점을 감는 횟수가 0이다. 당연한 말이겠지만, 이 집합은 조건

$$A \cap \{x + 0i \in \mathbb{C} : x \leq 0\} = \varnothing$$

를 만족한다. 따라서 이 집합 위에서는 복소 로그의 표준 가지 $\operatorname{Log} z$ 가 잘 정의된 온함수가 된다. 이제 루셰(Rouché) 의 정리를 소개한다.

정리 6.6.1 (루셰 Rouché) **꺾인 C^1 단순 폐곡선 α 와 이 곡선으로 둘러싸인 영역을 모두 포함하는 영역 U 위에 두 온함수 f, g가 주어져 있다고 하자. 만약 부등식 조건**

$$|f(z) - g(z)| < |f(z)|$$

가 폐곡선 α 의 자취에 속하는 모든 점에서 항상 성립한다면, 폐곡선 위에는 f 나 g 의 영점이 없고, 폐곡선으로 둘러싸인 영역에서는 f 의 0점의 개수와 g 의 0점의 개수가 같다.

증명. $f(z)$ 의 값이 0이 되는 점에서는 주어진 조건 $|f(z)| > |f(z) - g(z)|$ 가 $0 > |g(z)| \geq 0$ 을 도출하게 하여 논리적으로

모순에 이르게 한다. 따라서 곡선 α 의 자취에는 f의 0점이 있을 수 없다. 또한 $g(z) = 0$ 이라면 $|f(z)| > |f(z)|$가 얻어지는데 이것 역시 모순이다. 따라서 곡선 α 의 자취에는 g의 영점도 있을 수 없다.

그러므로 $h(z) := \dfrac{g(z)}{f(z)}$ 는 곡선 α의 자취를 포함하는 U 안에 있는 적절한 영역—이 영역을 V라 두자—위에서 온함수를 정의한다.

이제 $\alpha\colon [a,b] \to U$ 를 h를 통해 변환된 함수 $h \circ \alpha\colon [a,b] \to \mathbb{C}$ 를 생각하자. 이 곡선도 $h(\alpha(a)) = h(\alpha(b))$ 를 만족하므로 (꺾인 C^1) 폐곡선이다. 그리고 주어진 부등식 조건 때문에,

$$
\begin{aligned}
|1 - h(\alpha(t))| &= \left|1 - \frac{g(\alpha(t))}{f(\alpha(t))}\right| \\
&< 1
\end{aligned}
$$

가 모든 $t \in [a,b]$ 각각에 대해 성립하므로, 곡선 $h \circ \alpha$의 자취가 원반 영역 $D(1,1)$에 포함된다. 그러면 V 위에서는 복소 로그함수의 표준 가지 $\mathrm{Log}\, z$가 온함수이므로 $(\mathrm{Log}\,(h(z)))' = h'(z)/h(z)$ 가 성립하고, 따라서

$$
\int_\alpha \frac{h'(z)}{h(z)} dz = \mathrm{Log}\, h(\alpha(b)) - \mathrm{Log}\, h(\alpha(a)) = 0
$$

가 성립한다. 한편,

$$
\frac{h'(z)}{h(z)} = \frac{f'(z)}{f(z)} - \frac{g'(z)}{g(z)}
$$

라는 사실로부터,

$$\int_\alpha \Big(\frac{f'(z)}{f(z)} - \frac{g'(z)}{g(z)}\Big)dz = 0$$

가 성립한다. 그러므로 두 폐곡선 $f \circ \alpha$와 $g \circ \alpha$ 가 원점을 감는 횟수가 서로 같으며, 편각정리와 그 증명에 의해 곡선 α로 둘러싸인 영역 안에서 f와 g의 영점의 개수가 서로 같다는 결론을 얻는다. □

보충 6.6.1 루셰[2]의 정리는 온함수의 영점 개수를 세는 데 매우 쓸모가 많다. 그 예를 아래에서 곧 감상하겠지만, 이 정리의 원점을 감는 횟수에 대한 비유가 있기에 그것을 소개한다.

> "어떤 사람이 바둑이를 데리고 공원을 걷는데 거기에는 기둥이 하나 있다. 이 사람은 개 줄의 길이를 자신과 기둥 까지의 거리보다 항상 더 짧게 유지한다. 이 사람이 걷기 시작하여 마침내 처음 시작한 위치까지 돌아 오면, 그가 기둥 주위를 돈 횟수와 바둑이가 기둥 주위를 돈 횟수가 같다."

가 그것인데···. 위의 정리에서 공원은 복소 평면, 기둥은 원점, 시점 t에 대응되는 사람의 위치를 $f(\alpha(t))$, 그리고 개의 위치를 $g(\alpha(t))$ 라고 각각 생각하면 위의 비유가 루셰의 정리의 증명 중 "감는 횟수" 부분을 설명하고 있다는 것이다. 독자가 이를 재미있다고 여겼으면 한다.

[2]E. Rouché (1832-1910), 프랑스.

보기 6.6.1 복소수 z에 관한 방정식

$$z^{11} + 6z^5 - z + 1 = 0$$

의 근 중에서 원반 $D(0,1)$ 안에 있는 것의 개수를 구하여라.

풀이. $|z| = 1$ 이면

$$\begin{aligned} |6z^5| =& 6|z|^5 = 6 \\ |z^{11} - z + 1| \leq& |z|^{11} + |z| + 1 = 3 \end{aligned}$$

를 얻는다. 이제

$$\begin{aligned} f(z) &= 6z^5 \\ g(z) &= z^{11} + 6z^5 - z + 1 \end{aligned}$$

라고 두면 원점을 중심으로 하는 단위원 위에서

$$|f(z) - g(z)| \leq 3 < 6 = |f(z)|$$

가 성립한다. f의 영점은 원점이고 중복도가 5이므로 f 가 $D(0,1)$ 안에서 가지는 영점의 개수는 5이고, 따라서 루셰의 정리에 의해 g가 $D(0,1)$ 안에 가지는 영점의 개수도 5이다. □

보기의 풀이는 끝났지만, 루셰의 정리는 더 많은 정보를 제공하기도 한다. 대수학의 기본정리에 따르면, 예제에서 방금 다룬 방정식은 근을 11개 가져야 한다. 그러므로 나머지 6개는 물론

단위원 밖에 있겠지만 얼마나 멀리 있을까? 이를 알아보기 위해 방정식 $|z| = 2$ 가 나타내는 원을 생각해 보자. 그러면, 이 원 위에서는

$$f(z) = z^{11}, \quad g(z) = z^{11} + 6z^5 - z + 1$$

로 각각 두고 루셰의 정리를 적용해 보자. 이 원 위의 점 z 에서는 항상

$$\begin{aligned} |f(z)| &= 2^{11} = 2048, \\ |f(z) - g(z)| &\leq 6|z|^5 + |z| + 1 \\ &= 6 \cdot 2^5 + 2 + 1 < 1004 \end{aligned}$$

가 성립하므로 루셰의 정리를 적용할 수 있고, 원반 영역 $D(0, 2)$ 안에 있는 g 의 영점의 개수가 11개임을 알 수 있다. 위의 예제에서 얻은 결과와 종합하여 생각해 보면, 주어진 방정식의 근이, 범위 $|z| < 1$에 5개 있고, 범위 $1 < |z| < 2$에 6개 분포되어 있다는 결론을 얻게 된다.

뿐만 아니라, 이 풀이 과정을 보면 바깥 원의 반지름 2를 줄여서 조금 더 세밀한 결론을 얻을 수 있을 것도 짐작할 수 있겠지만 우리는 이 정도에서 멈춘다. 더 세밀한 결과를 찾아보는 것은 관심 있는 독자들에게 맡겨 두려 한다.

보기 6.6.2 방정식 $e^z + z - 13 = 0$ 이 주어졌다. 범위 $|z| < 1$ 안에 있는 근의 개수를 중복도를 감안하여 구하여

라.

풀이. $f(z) = -13$ 로 두고 $g(z) = e^z + z - 13$ 로 두자. 그러면 곡선 $|z| = 1$ 위에서

$$\begin{aligned}|f(z) - g(z)| &= |e^z + z| \leq e^{\operatorname{Re} z} + 1 \\ &\leq e + 1 < 4 < 13 = |f(z)|\end{aligned}$$

가 성립한다. 한편 상수함수 $f(z) = -13$은 영점을 가지지 아니한다. 따라서 루셰의 정리에 의해 주어진 방정식도 범위 $|z| < 1$에서 근을 가지지 아니한다. 따라서 구하려는 근의 개수는 0이다. □

루셰의 정리는 일반적으로 온함수에 대해 성립하므로, 당연히 이 보기처럼 대수방정식의 범위를 벗어난 온함수 방정식에도 적용될 수 있었음을 보아 주기 바란다.

연습 문제

문제 6.6.1 방정식 $e^z + 3 = 0$는 무한히 많은 복소 근을 가진다. 이 사실을 증명할 수 있겠는가? 특히, 편각 원리로 설명할 수 있겠는가?

6.7 버금함수의 영점과 극점

편각정리와 관련된 여러 기법은 온함수뿐만 아니라 더 넓은 범위의 함수로까지 확장된다. 여기에서는 버금함수라는 이름의 함수에 대하여 편각정리 기법을 적용하는 유용한 이론을 소개하려 한다. 이를 위한 이론을 전개하는데 편리한 확장된 복소평면 개념과 기호 $\mathbb{C}_\infty = \mathbb{C} \cup \{\infty\}$를 지금부터 즐겨 사용하겠고, 버금함수에 관한 이론을 전개하려고 한다.

정의 6.7.1 (버금함수) 영역 U에서 고립된 깃대 특이점들을 허용하지만 이들 특이점들을 제외한 다른 모든 점에서 복소미분가능한 함수 $f: U \to \mathbb{C}_\infty$ 를 **버금함수** (meromorphic function) 라고 부르기로 하자.[a]

[a]이 버금함수 개념은 5.3에서 이미 소개한 "분수 온함수"와 같은 개념이다.

지금부터는 "**깃대 특이점**" 이라는 용어와 같은 대상을 지칭하지만 보다 전통적인 용어인 "**극점 특이점**" 또는 더 간단히 **극점** 등을 섞어서 함께 사용하려고 한다. 그러므로 영어로는 둘 다 pole singularity, 또는 pole이 되겠다.

이제 버금함수와 영점 및 극점에 관한 아래 정리를 소개한다.

정리 6.7.1 단순연결 영역 U 위에 정의된 상수함수가 아닌 버금함수 $f: U \to \mathbb{C}_\infty$ 와 반시계 방향성을 가지는 꺾인 C^1 단순 폐곡선 $\alpha: [0,1] \to U$ 가 주어졌는데, 이 폐곡선의 궤적 위에는 f가 영점이나 극점을 가지지 않는다고 가정하자.

그러면 단순 폐곡선 α의 내부 V에는 유한개의 영점과 유한개의 극점만 각각 존재하게 된다. 이제, V 안에서 중복도를 감안한 영점의 개수가 N이고, 극점의 개수가 P라면,

$$\frac{1}{2\pi i}\int_{\alpha}\frac{f'(z)}{f(z)}dz = N - P$$

가 성립한다.

증명. 주어진 단순 폐곡선 α로 둘러싸인 영역과 폐곡선의 자취의 합집합은 복소 평면의 닫힌 유계 부분집합이므로 옹근(compact) 집합이다. 따라서 영점이 무한히 많으면 영점 하나의 중복도가 무한대이거나, 아니면 서로 다른 영점이 이 집합 안에 있는 점으로 수렴하는 수열을 이루어야 한다. 둘 중 어느 경우에나, 주어진 버금함수가 특이점을 제외한 영역에서 상수함수가 되어야 하는데, 그렇다면 결과적으로 이 경우에는 특이점도 없앨 수 있게 되므로 (리만 확장정리!), 이것은 가정에 모순이 된다.

극점 특이점이 무한이 많은 경우에도 비슷한 추론이 성립한다. 함수 $1/f$가 버금함수이면서 영점을 무한히 많이 가지는 경우에 해당하게 되어, 이 함수 $1/f$가 상수함수가 되고, 따라 f도 상수함수가 되어버리기 때문이다. 따라서 단순 폐곡선 α로 둘러싸인 영역에 있는 버금함수 f의 영점과 극점은 모두 유한개이다.

한편, 버금함수가 점 $q \in U$ 에서 버금함수 f의 영점이면, 앞에서 다루었던 바와 같이 적절한 자연수 k와 충분히 작은 양수 s를 반지름으로 가지는 닫힌 원반 $E(q, s)$ 위에서는 영점을 전혀

가지지 않는 온함수 $g(z)$ 가 존재하여

$$f(z) = (z-q)^k g(z), \quad \forall z \in D(q,s)$$

가 성립하게 된다. 이 자연수 k는 물론 버금함수 f의 영점 q의 **중복도** (multiplicity)이다. 그러면 위와 비슷한 방법으로, 매개변수 방정식 $z(t) = q + se^{it}, (0 \le t \le 2\pi)$로 표현되는 반시계 방향성을 가지는 폐곡선 β에 대하여,

$$\frac{1}{2\pi i}\int_\beta \frac{f'(z)}{f(z)}dz = k \tag{6.2}$$

를 얻는다.

정의에 의하면 버금함수는 깃대 특이점 (극점)인 고립 특이점 외에 다른 특이점을 가지지 아니한다. 그러므로 국소적으로는 이 함수의 특성을 분석할 수 있다. 만약 점 p가 버금함수 f 의 특이점이라면, 이 점은 반드시 극점(=깃대 특이점, pole)이어야 하고, 따라서 **정리** 5.3.1에 의하여, 적절한 자연수 m과 양수 r을 반지름으로 가지는 구멍난 원반 $D^\times(p,r)$ 위에서

$$h(z) = (z-p)^m f(z), \forall z \in D^\times(p,r)$$

와 조건 $|h(p)| > 0$를 만족하게 하는 온함수 $h\colon D(p,r) \to \mathbb{C}$가 존재한다. 이 경우, 자연수 m은 물론 **극점** p**의 중복도**

(multiplicity) 이다. 그리고,

$$\frac{h'(z)}{h(z)} = \frac{m(z-p)^{m-1}f(z) + (z-p)^m f'(z)}{(z-p)^m f(z)}$$
$$= \frac{m}{z-p} + \frac{f'(z)}{f(z)}$$

를 얻으며, 이 표현은

$$\frac{f'(z)}{f(z)} = -\frac{m}{z-p} + \frac{h'(z)}{h(z)}$$

와 논리적으로 동등하다. 극점(=깃대 특이점)의 정의에 의해

$$\lim_{z\to p} |f(z)| = +\infty$$

가 성립하므로, 반시계 방향성을 가지는 폐곡선 β가 매개변수 방정식 $z(t) = p + re^{it}, (0 \le t \le 2\pi)$에 대하여 표현되는 경우, 코시 소멸정리와 직접 계산에 의해

$$\frac{1}{2\pi i}\int_\beta \frac{f'(z)}{f(z)}dz = -m \tag{6.3}$$

를 얻는다.

이제 영점과 극점들을 둘러싼 반시계 방향성을 가지는 원들 중에서 임의로 두 개를 택하여도 이들이 교차하자도 않고 또 하나가 다른 하나의 내부에 들어오는 일도 없도록 배치하도록 하자. 그런 다음 **그린의 영역 나누기 방법** (Green's subdivision method) 을 적용하면 정리의 결론을 얻는다. 이로써 증명이 완결된다. □

6.8 후르비츠의 정리

편각 정리의 주요 응용 중에서 자주 쓰이는 정리를 소개한다. [3]

정리 6.8.1 (후르비츠 Hurwitz) **닫힌 원반 영역 $E(p,r)$을 포함하는 영역 위에 정의된 온함수 $f_k\colon D(p,r) \to \mathbb{C}$ 가 자연수 k 마다 존재하며 또, 이들이 이루는 함수열이 또다른 온함수 $f\colon D(p,r) \to \mathbb{C}$로 고르게 수렴한다고 하자. 만약 f_k 중 어느 것도 원반 위에서 영점을 전혀 가지지 않는 함수라면, 극한으로 주어지는 함수 f는 0함수이거나, 또는 원반 위에서 0점을 전혀 가지지 않거나, 두 경우 중 한 경우만 성립한다.**

증명. f가 상수함수인 경우에는 결론이 저절로 만족된다. 따라서 f가 상수함수가 아닌 경우를 생각하기로 하자. 만약 $f(q)=0$ 를 만족하는 $q \in D(p,r)$ 가 존재한다면 $q \in D(p,s)$ 가 성립하고, 매개변수 방정식 $z(t) = p + re^{it}, (0 \le t \le 2\pi)$ 로 정의되는 곡선 (α 로 표시하자) 의 자취 (A 로 표시하자.) 위에서는 f가 0점을 가지지 않게 하는 r 보다 작은 양수 s가 존재해야 한다.

이제 곡선 α의 자취 $A := \{z(t)\colon 0 \le t \le 2\pi\}$ 가 옹근 집합 (compact set) 이기 때문에, 집합

$$V := \bigcup_{z \in A} D(z,\epsilon)$$

[3] A. Hurwitz (1859-1919). 독일의 수학자.

위에서 $|f(z)| \geq \delta, |f_k(z)| \geq \delta$ 가 임의의 자연수 $k \geq k_0$ 에 대하여 성립하게 하는 자연수 k_0와 양수 ϵ 그리고 또 다른 양수 δ 가 모두 존재한다.

이로부터, 코시 계측에 의해서 도함수들, 즉 f_k'도 f'로 고르게 수렴하고, 따라서 $\dfrac{f_k'}{f_k}$ 도 V 위에서 $\dfrac{f'}{f}$ 로 고르게 수렴한다. 그러므로

$$\begin{aligned}\frac{1}{2\pi i}\int_\alpha \frac{f'(z)}{f(z)}dz &= \frac{1}{2\pi i}\int_\alpha \lim_{k\to\infty}\frac{f_k'(z)}{f_k(z)}dz \\ &= \lim_{k\to\infty}\frac{1}{2\pi i}\int_\alpha \frac{f_k'(z)}{f_k(z)}dz \\ &= \lim_{k\to\infty} 0 = 0\end{aligned}$$

를 얻고, 이 결과에 온함수의 편각원리를 적용하면 f는 폐곡선 α의 내부인 $D(p,s)$에서 0점을 가지지 않아야 하지만, 이는 $f(q)=0$에 모순이다. 이로써 정리의 증명이 완결된다. □

같은 방법으로 아래 정리들도 얻을 수 있다.

정리 6.8.2 **영역 U 위에 정의되는 온함수로 이루어진 수열 $\{f_k\}$ 가 함수 $f\colon U \to \mathbb{C}$ 로, U 에 포함되는 임의의 옹근 부분집합 위에서 고르게 수렴한다고 하고, 또 점 $z_0 \in U$ 가 f의 m 중근 (즉, 중복도 m인 0점) 이라고 가정하자. 그러면, 조건 $k > k_0$ 를 만족하는 임의의 자연수 k 마다 f_k 가 원반 $D(z_0, r)$ 안에서 안에 중복도를 감안하여 정확히 m 개의 0점을 가지게 하는, 양수 r과 자연수 k_0가 존재한다.**

정리 6.8.3 영역 U 위에 정의된 온함수 $f_k, (k = 1, 2, \ldots)$ 들이 모두 단사함수이며, 함수 $f\colon U \to \mathbb{C}$로 U의 모든 옹근 부분집합마다 그 위에서 고르게 수렴하면 f는 상수함수이거나, 아니면 단사함수이거나, 둘 중 하나의 결론만 성립한다.

이 정리들은 모두 "후르비츠 정리" 로 통칭되며, 증명 방법은 모두 비슷하다. 정확한 증명을 구성하는 것은 연습문제로 돌린다.

연습 문제

문제 6.8.1 정리 6.8.2의 자세한 증명을 구성하여라.

문제 6.8.2 정리 6.8.3의 자세한 증명을 구성하여라.

7

조화함수, I

7.1 조화함수

xy 평면 $\mathbb{R}^2$ 위에 정의되는 미분작용소

$$\Delta := \frac{\partial^2}{\partial x^2} + \frac{\partial^2}{\partial y^2}$$

를 **라플라스 작용소** (Laplace operator 혹은 Laplacian) 라고 부른다. 복소 평면에서는

$$\Delta = 4\frac{\partial^2}{\partial z \partial \bar{z}}$$

가 쉽게 확인된다.

> **정의 7.1.1** 복소 평면 안의 영역 (= 연결된 열린 집합) U 위에 정의된 C^2 수준의 함수, 즉 2계 이하의 편미분이 모두 존재하고 연속인 실함수 $u: U \to \mathbb{R}$가 조건
>
> $$\Delta u = 0$$
>
> 를 영역 U의 모든 점에서 만족시키면, 함수 u 를 **조화함수** (harmonic function) 라 부른다.

조화함수는 많다. f 가 온함수이면

$$\begin{aligned}\Delta(f(z)+\overline{f(z)}) &= 4\frac{\partial^2 f(z)}{\partial z\partial\bar{z}} + 4\frac{\partial^2\overline{f(z)}}{\partial z\partial\bar{z}} \\ &= 0 + 4\frac{\partial}{\partial\bar{z}}\overline{\left(\frac{\partial f(z)}{\partial\bar{z}}\right)} \\ &= 0\end{aligned}$$

가 성립하므로 온함수의 실수부는 조화함수이고, $-if(z)$ 역시 온함수이므로 이 함수의 실수부, 즉 $f(z)$의 허수부가 조화함수임도 알 수 있기 때문이다.

보충 7.1.1 복소 평면 위의 영역 U 위에 정의된 복소수 값을 가지는 함수 $v\colon U \to \mathbb{C}$ 의 경우 이 함수가 C^2 급이고 조건 $\Delta v = 0$를 만족시키면, 이 함수를 보통 **복소 조화함수** (complex harmonic function) 라고 부른다. 하지만 이 책에서 다루는 조화함수는 값이 실수인 경우만을 다룬다.

7.2 조화함수의 유일확장성 정리

조화함수가 국소적으로 온함수의 실수부가 된다는 점을 이용하여 얻을 수 있는 결과를 소개하려고 한다.[1]

> **정리 7.2.1 (유일확장성 정리)** 영역 U 위에 정의된 조화함수가 이 영역 안에 있는 또 다른 열린 부분집합 위의 모든 점에서 함수값이 0이 된다면, 이 조화함수는 영역 전체에서 0함수이다.

증명. $u: U \to \mathbb{R}$ 가 조화함수라고 하고, U에 포함되며 양수 반지름을 가지는 임의의 원반 영역 $D(p,r)$에 대하여 조건 $u(z) = 0, \forall z \in D(p,r)$ 가 성립한다고 가정하자. 그러면 반지름이 양수인 또 다른 원반 영역 $D(q,s) \subset U$ 가 있어서 $D(p,r) \cap D(q,s) \neq \varnothing$ 가 성립하는 경우에 u의 켤레 조화함수 $v: D(p,r) \cup D(q,s) \to \mathbb{R}$ 가 존재하게 되는데, 이 켤레 조화함수는 정의구역의 공집합이 아닌 열린 부분집합 $D(p,r) \cap D(q,s)$ 위에서 상수이므로 상수값을 조정하여 0이 되게 할 수 있다. 한편 그 위에서는 $u = 0$였으므로, 온함수 $f := u + iv$ 는 $D(p,r) \cup D(q,s)$ 위에 정의되고 $D(p,r) \cap D(q,s)$ 위에서는 0함수이다. 따라서 온함수의 유일확장성 정리에 의해 f가 $D(p,r) \cup D(q,s)$ 위에서 0함수가 되고 결과적으로 실수부 u도 두 원반의 합집합인 이 영역 위에서 0함수가 된다. 이 결과를 바탕으로 온함수의 유일확장성 원리에서 썼던 영역의 연결성을 사용한 논증을 적용하면 u가 영역 U 전체에서 0함수라는 결론이 바로 따라온다. □

---

[1]여기 소개된 조화함수 이론 대부분이, 사실은, 온함수에 의존하지 않고도 순전히 라플라스 작용소의 특성을 이용하여 증명 가능하다.

7.3 켤레 조화함수, 다시 만나다

단순 연결 영역 위에 임의의 조화함수가 주어졌을 때 그 함수를 실수부로 가지는 온함수가 존재한다는 사실은 앞에서 확인하였다. (참고: 정리 3.5.1.) 증명은 원시함수의 존재를 이용하여 얻었는데, 원시함수의 존재정리, 즉 온함수의 원시함수가 존재한다는 명제 역시 함수의 정의구역이 단순연결 영역이라는 조건 위에서 성립하였다. 또한 복소평면에서 원점을 제외한 영역 $\mathbb{C}^\times := \mathbb{C} \setminus \{0\}$ 에서는 $\ln|z|$ $(= \frac{1}{2}\ln(x^2+y^2))$ 가 조화함수이지만 $\mathbb{C}^\times$ 전체에서 정의되는 켤레 조화함수가 존재하지 않는 것도 이미 확인하였다.

그러나, 그냥 존재하지 않는다는 결론보다 더 나은 결론을 얻을 수는 없을까? 이 의문에 대한 토의를 하려는 것이 이 마디의 목표이다.

방금 언급한 영역 $\mathbb{C}^\times$ 와 $\ln|z|(= \frac{1}{2}\ln(x^2+y^2))$ 로부터 출발해 보자. 물론 지금 이 함수가 켤레 조화함수를 가진다든가 하는 무리한 결론을 낼 예정은 아니다. 이 함수는 켤레 조화함수가 있다면 영역 대부분에서 $\arg z$ 와의 차이가 상수일 수밖에 없다는 점 때문에 그런 함수는 영역 $\mathbb{C}^\times$ 에서 연속함수일 수가 없다는 것을 예상할 수 있고, 결과적으로 조화함수가 될 수 없다. 조화함수는 C^2 급이어야 하기 때문이다.

그렇다면 켤레 조화함수의 "불연속성" 을 보다 체계적으로 조사해 보면 어떨까? 영역 $\mathbb{C}^\times$ 위에서 정의된 조화함수 $u(x,y)$ 가 주어졌다고 가정하자. 이제 영역

$$W_1 := \mathbb{C} \setminus \{z = x + iy \in \mathbb{C} \colon y = 0, x \le 0\}$$

즉, 복소 평면에서 원점과 음수축을 뺀 집합을 생각하자. 그러면 u는 물론 이 영역 위에서 잘 정의된 조화함수이다. 영역 W_1이 단순연결 영역이므로, u는 이 영역 위에서 켤레조화함수를 가진다. 이 함수를 $v_1 \colon W \to \mathbb{R}$이라 두고, 이제 임의로 선택된 양수 b에 의해 정의된 음수축 위의 점 $a := -b$ 주변에서 v_1의 행동을 조사해 보자.

이를 위해 이번에는 영역

$$W_2 := \mathbb{C} \setminus \{ir \colon r \geq 0\}$$

즉, 복소 평면에서 원점과 양의 허수축을 뺀 집합을 생각하자. 이 영역 역시 단순연결 영역이므로 u 의 켤레 조화함수 v_2 가 만들어진다. 그러면 v_1과 v_2는 모두 각각 단순연결 영역

$$V := \{re^{it} \colon r > 0, \frac{\pi}{2} < t < \pi\}$$

에서 같은 조화함수 u의 켤레 조화함수이다. 두 켤레 조화함수의 차이는 상수이어야 하므로 $v_1(z) - v_2(z) = c$ (상수) 라고 두면

$$\begin{aligned} c &= \lim_{t \downarrow -\pi} \left(v_1(re^{it}) - v_2(re^{it})\right) - \lim_{t \uparrow \pi} \left(v_1(re^{it}) - v_2(re^{it})\right) \\ &= \lim_{t \downarrow -\pi} v_1(re^{it}) - \lim_{t \uparrow \pi} v_1(re^{it}) \end{aligned}$$

를 얻는다. 이 상수값은 $r > 0$ 과 무관하게 일정하다는 점이 중요하다. 즉, 이로부터

$$\tilde{v}(z) := v_1(z) - \frac{c}{2\pi} \arg z$$

는 집합 $X := \{re^{it}\colon r > 0, \frac{\pi}{2} < t < \frac{3\pi}{2}\}$ 에서 잘 정의되었음을 알 수 있고, 또 X 위에서 매끄러운 함수이며, 조건

$$\Delta w(z) = 0$$

를 만족시킨다. 결과적으로 $w\colon \mathbb{C}^\times \to \mathbb{R}$ 가 조화함수이며, 또

$$\tilde{u}(z) := u(z) - \ln|z|$$

도 $\mathbb{C}^\times$ 전체에 정의된 조화함수이고, $g(z) := \tilde{u}(z) - \ln|z| + i(v_1(z) - \frac{c}{2\pi}\arg z)$ 가 $\mathbb{C}^\times$ 위에 정의된 온함수가 된다. 이제까지의 추론 과정을 적용하면 아래 정리를 증명할 수 있다.

정리 7.3.1 **서로 다른 복소수 $a_1, \ldots, a_k$ 와 양수 $r_1, \ldots, r_k$ 에 대하여 닫힌 원반 $E(a_1, r_1), \ldots, E(a_k, r_k)$ 들 중 어느 둘을 택하여도 그들의 공통부분이 없게 배열하고, 영역**

$$U := \mathbb{C} \setminus \bigcup_{j=1}^{k} E(p_j, r_j)$$

를 정의하자. 만약 함수 $u\colon U \to \mathbb{R}$ 이 조화함수이면

$$u(z) - c_1 \ln|z - a_1| - \ldots - c_k \ln|z - a_k|$$

가 영역 U 에서 켤레 조화함수를 가지게 해 주는 실수 상수 $c_1, \ldots, c_k \in \mathbb{R}$ 들이 존재한다. 특히, 실수 $c_1, \ldots, c_k$ 들은 주어진 조화함수 u 에 의해 각각 유일하게 결정된다.

증명. 이미 위에서 가장 어려운 부분에 관해 논증을 보였으므로 여기에서는 그 과정을 그대로 사용하기로 하자. 우선 $j \in \{1, \ldots, k\}$ 마다 양수 ϵ_j와 이로부터 만들어지는 고리 영역

$$A_j := A(a_j, r_j, r_j + \epsilon_j)$$

들을 생각하되 $\overline{A_j} \cap \overline{A_\ell} = \varnothing$가 서로 다른 j, ℓ에 대해 성립하게 하자. 그러면 j 각각에 대하여 $u(z) - c_j \ln |z - a_j|$ 가 켤레 조화함수를 가지게 해 주는 실수 c_j가 유일하게 결정된다. 그러면

$$\tilde{u}(z) := u(z) - \sum_{j=1}^{k} c_j \ln |z - a_j|$$

가 $A_1 \cup \cdots \cup A_k$ 위에 정의된 조화함수이고, 이 열린 집합 위에서 켤레 조화함수를 가지게 된다. 이 켤레 조화함수를 $\tilde{v}$라고 표시하자. 그러면 이 함수는 U 전체에서 정의된 조화함수로 유일하게 확장되며 $\tilde{u}$의 켤레 조화함수가 된다. 이 마지막 부분을 상세히 논증하는 것은 어렵지 않지만 유익한 연습문제이므로 독자에게 남겨 둔다. □

7.4 조화함수의 최대 최소값 정리

정리 7.4.1 (극대값 정리) 복소 평면 위의 영역 Ω 위에 정의된 조화함수 u가 영역 안에서 극대값을 가지면 u는 상수함수이다.

증명. u가 점 $p \in U$에서 극대값을 가진다면 e^u도 점 p에서 극대값을 가지게 된다. 이제 충분히 작은 양수 r에 대해 $D(p,r)$로 영역을 국한시킨 다음 u 를 실수부로 가지는 온함수 f를 생각한다. 이제

$$|e^f| = |e^u||e^{iv}| = e^u$$

가 성립하기 때문에 $|e^f|$ 가 p 점에서 극대값을 가지게 되고, e^f 가 온함수이므로 온함수의 최대절대값 정리에 의해 e^f 가 상수함수가 되며, 결론적으로 e^u 도 상수함수가 된다. 실변수에 관하여는 지수함수가 단사함수이기 때문에 이로부터 u가 상수함수라는 결론을 얻는다. 이 상수값을 c라 두자.

지금의 추론은 물론 $D(p,r)$ 위에서 성립하지만, 조화함수 $u-c$ 에 유일확장성 정리를 적용하면, $u\colon \Omega \to \mathbb{R}$ 가 상수함수라는 정리의 결론을 얻게 되어 증명이 완결된다. □

온함수의 절대값에 대한 경우와는 달리 조화함수에 대해서는 아래의 최소값 정리도 성립한다.

정리 7.4.2 (극소값 정리) 복소 평면 위의 영역 Ω 위에 정의된 조화함수 u가 영역 안에서 극소값을 가지면 이 함수 u는 상수함수이다.

증명. $-u$ 도 조화함수이므로 이 함수에 극대값 정리를 적용하면 증명이 바로 따라온다. □

이제 자주 사용하는 정리를 두 개 더 소개한다. 증명은 당연하므로 연습문제로 돌린다.

> **따름정리 7.4.3** 유계 영역 U 의 닫힘 집합 $\overline{U}$ 위에 정의되는 상수가 아닌 연속함수 u가 주어졌는데 이 함수가 U 에 국한했을 때 조화함수라면, 이 함수의 극대, 극소 값은 반드시 U 의 경계에서만 얻어진다.

> **따름정리 7.4.4** 유계 영역 U 의 닫힘 집합 $\overline{U}$ 위에 정의되는 상수가 아닌 연속함수 u와 v 가 주어졌는데, 두 함수 모두 U 에 국한할 때 조화함수가 된다고 하자. 만약 조건 $u(z) = v(z)$ 가 임의의 $z \in \partial U$ 에서 성립한다면, 두 함수 u, v 는 $\overline{U}$ 전체에서 일치한다.

이 따름정리의 증명은 극대 극소값 정리를 $u - v$에 적용하면 된다.

7.5 포아송 이론: 포아송 적분공식 정리

점 p를 중심으로 하고 반지름이 양수 r인 닫힌 원반 $E(p, r)$을 포함하는 단순연결 영역 U 위에 정의된 조화함수를 u라 하고, 그 켤레 조화함수를 v라 하고, 또 $f(z) = u(z) + iv(z)$ 라 두자. 그러면 코시 적분공식에 의해

$$f(p) = \frac{1}{2\pi}\int_0^{2\pi} f(p + re^{it})dt$$

가 성립한다. 따라서 f의 실수부와 허수부를 분리하고 양변의 실수부끼리 비교하면

$$u(p) = \frac{1}{2\pi}\int_0^{2\pi} u(p + re^{it})dt \qquad (7.1)$$

얻는다. 하지만 q가 $D(p, r)$의 중심점이 아닌 다른 점일 경우에도 $u(q)$를 적분공식으로 나타낼 수 있을까?

이 자연스러운 질문에 대한 성공적인 답은 **포아송 적분공식** (Poisson Integral Formula)[2] 이라는 이름으로 알려져 있다. 배워 보기로 하자.

이론 전개의 과정 중에 부분 부분 꽤 유용한 정보들이 포함되어 있으므로 이들을 보조정리 또는 독립된 정리의 형태로 제시하면서 필요한 단계를 거쳐 포아송 적분공식 정리를 소개하려 한다.

---

[2] S. Poisson (1781-1840), 프랑스.

도움정리 7.5.1 **만약 $u\colon U \to \mathbb{R}$ 가 조화함수이고, 영역 V 위에 정의된 함수 $g\colon V \to \mathbb{C}$ 가 조건 $g(V) \subset U$ 를 만족시키는 온함수이면, 합성함수 $u \circ g$가 영역 V 위에 정의된 조화함수를 이룬다.**

증명. 논증은 복소 연쇄미분법을 사용하면 된다. 기호 $z = g(\zeta)$, $u = u(z)$ 를 사용하기로 하면

$$\begin{aligned}
\Delta(u(g(\zeta))) &= \frac{\partial}{\partial \zeta}\frac{\partial}{\partial \bar{\zeta}}(u(g(\zeta)) \\
&= \frac{\partial}{\partial \zeta}\Big(\frac{\partial u}{\partial \bar{z}}\Big|_z \frac{\partial \bar{g}(\zeta)}{\partial \bar{\zeta}}\Big|_\zeta\Big) \\
&= \frac{\partial^2 u}{\partial z \partial \bar{z}}\Big|_{g(\zeta)} \frac{\partial g}{\partial \zeta}\Big|_\zeta \frac{\partial \bar{g}}{\partial \bar{\zeta}}\Big|_\zeta \\
&= \frac{1}{4}(\Delta u)\big|_{g(\zeta)} \cdot \frac{\partial g}{\partial \zeta}\Big|_\zeta \frac{\partial \bar{g}}{\partial \bar{\zeta}}\Big|_\zeta \\
&= 0
\end{aligned}$$

를 복소 연쇄미분공식으로 확인할 수 있어서, $u \circ g$가 조화함수임이 증명되었다. □

한편, $D(p, R)$ 안에 있는 임의의 점 q 는 조건 $0 \le r < R$ 를 만족하는 양수 r에 대하여 $q = p + re^{i\psi}$ 로 표현된다. 이제

$$g_1\colon D(0,1) \to D(0,1) : \zeta \mapsto \frac{\zeta + \frac{r}{R}e^{i\psi}}{1 + \frac{r}{R}e^{-i\psi}\zeta}$$

$$g_2\colon D(0,1) \to D(0,R) : w \mapsto Rw$$

$$g_3\colon D(0,R) \to D(p,R) : z \mapsto z + p$$

로 정의되는 온함수 세 개와 합성함수 $g(\zeta) = g_3 \circ g_2 \circ g_1(\zeta)$를 생각하자. 그러면 합성함수 $g\colon D(0,1) \to D(p,R)$는 1-1 대응 온함수이며, $g(0) = p + re^{i\psi} = q$ 를 만족할 뿐만 아니라 반시계 방향성을 가지는 단위원을 중심이 p 에 있고 반지름이 R인 반시계 방향성을 가지는 원에 대응시킨다. 이제까지의 추론으로부터 아래 도움정리를 얻는다.

도움정리 7.5.2 **위의 관계식** $z = f(\zeta)$**는 1대 1 대응 온함수** $f\colon D(0,1) \to D(p,R)$ **를 정의한다. 따라서** $v(\zeta) := u(f(\zeta))$ **가** $D(0,1)$ **를 정의구역으로 가지는 조화함수이며,**

$$u(p + re^{i\psi}) = \frac{1}{2\pi}\int_0^{2\pi} u(f(e^{it}))dt \qquad (7.2)$$

가 성립한다.

증명. 여기에 필요한 논증의 요소는, 마지막 적분 식을 제외하고는, 이미 위에서 다 설명하였다. 한편, $v = u \circ g$ 가 조건 $v(0) = u(g(0)) = u(p + re^{i\psi})$ 를 만족하는 조화함수이므로 식 (7.1)에서 확인한 바와 같이

$$\begin{aligned} v(0) &= \frac{1}{2\pi}\int_0^{2\pi} v(e^{it})dt \\ &= \frac{1}{2\pi}\int_0^{2\pi} u(g(e^{it}))dt \end{aligned}$$

가 성립한다. 따라서 적분식도 따라온다. □

이제 우변의 식을 $D(p,R)$ 위에서 직접 사용하기 편리하게

재정리해 보자. 식

$$\alpha(t) := g(e^{it}),\ (0 \le t \le 2\pi)$$

가 $D(p, R)$의 경계 $\partial D(p, R)$을 반시계 방향으로 도는 단순 폐곡선을 나타내는 매개변수 방정식이고, 이는 새 매개변수 방정식

$$\beta(\theta) = p + Re^{i\theta},\quad (0 \le \theta \le 2\pi)$$

이 나타내는 폐곡선과 궤적이 같다. 그러므로 관계식

$$p + Re^{i\theta} = \beta(\theta) = \alpha(t) = g(e^{it}) \tag{7.3}$$

를 이용하여 t에 관한 적분식을 θ에 관한 적분식으로 변수를 치환할 수 있어야 한다. 지금부터 치환적분법을 사용하여 (7.2)를 $d\theta$ 적분으로 써 보기로 하자. 이 계산이 우리가 목표로 하는 포아송 적분정리를 제공하게 되므로 먼저 포아송 적분정리를 아래에 서술하고 이어서 치환적분법을 이용하여 정리를 증명하려고 한다.

정리 7.5.3 (포아송 적분공식 정리 I) **닫힌 원반 $E(p, R)$ 위에 주어진 연속함수 u가 열린 원반 $D(p, R)$ 위에서 조화함수이면, 조건 $0 \le r < R$과 $\psi \in \mathbb{R}$ 를 만족하는 임의의 r, ψ**

에 대하여

$$\begin{aligned} &u(p+re^{i\psi}) \\ &= \frac{1}{2\pi}\int_0^{2\pi} \frac{(R^2-r^2)}{R^2-2rR\cos(\theta-\psi)+r^2}u(p+Re^{i\theta})d\theta \end{aligned}$$

가 성립한다.

증명. 앞에서 제시한 논증에 의하여 도움정리 7.5.2의 결론인

$$u(p+re^{i\psi}) = \frac{1}{2\pi}\int_0^{2\pi} u(f(e^{it}))dt \tag{7.4}$$

를 얻었으므로 거기에서부터 논증을 시작하기로 하겠다. 그러면 관계식 (7.3)이 두 변수 t 와 θ의 변환을 제공한다. 즉

$$p+Re^{i\theta} = \beta(\theta) = \alpha(t) = g(e^{it})$$

또는

$$e^{it} = g^{-1}(p+Re^{i\theta})$$

를 얻는다. $g^{-1} = g_1^{-1}\circ g_2^{-1}\circ g_3^{-1}$ 가 성립하며,

$$g_1^{-1}(z) = \frac{z-\frac{r}{R}e^{i\psi}}{1-\frac{r}{R}e^{-i\psi}z}$$

가 성립하므로,

$$e^{it} = \frac{e^{i\theta}-\frac{r}{R}e^{i\psi}}{1-\frac{r}{R}e^{-i\psi}e^{i\theta}} = \frac{Re^{i\theta}-re^{i\psi}}{R-re^{i(\theta-\psi)}}$$

도 얻는다. 계속해서 이 식의 양변을 미분하면,

$$ie^{it}dt = \frac{1-\left|\frac{r}{R}e^{i\psi}\right|^2}{\left(1-\frac{r}{R}e^{-i\psi}e^{i\theta}\right)^2}\cdot\frac{1}{R}\cdot 1\cdot iRe^{i\theta}d\theta$$

를 얻는다. 이 식을 정리하면

$$\begin{aligned}dt &= \frac{R-re^{i(\theta-\psi)}}{Re^{i\theta}-re^{i\psi}}\cdot e^{i\theta}\cdot\frac{R^2-r^2}{(R-re^{i(\theta-\psi)})^2}d\theta\\ &= \frac{R^2-r^2}{|R-re^{i(\theta-\psi)}|^2}d\theta\end{aligned}$$

를 얻는다. 이제까지 얻은 결과를 종합하면 정리의 결론이 얻어지고 증명이 완결된다. □

7.5.1 포아송 씨앗함수와 여러 표현

포아송 적분정리의 중심 식을 이루는 함수는

$$\frac{1}{2\pi}\frac{R^2-r^2}{|R-re^{i(\theta-\psi)}|^2} = \frac{1}{2\pi}\frac{(R^2-r^2)}{R^2-2rR\cos(\theta-\psi)+r^2}$$

이고, 이 함수가 바로 **포아송 씨앗함수** (Poisson kernel function) 이다. 이 함수에 대해 조금 더 자세히 공부해 보기로 하자.

포아송 적분정리의 증명을 다시 조사해 보면 분수 선형변환

$$z = f(\zeta) = \frac{R(R\zeta+a)}{R+\bar{a}\zeta}$$

가 가장 중요한 역할을 했다. 이 함수는 닫힌 원반 $E(0,1)$를 또다른 닫힌 원반 $E(0,R)$ 로 변환시키는 온함수이며 (전단사 함수이고 역함수도 온함수이다) 조건 $f(0) = a$ 를 만족한다. 조화함수 $u\colon E(0,R) \to \mathbb{R}$ 가 주어졌다면, 매개변수 방정식 $\zeta = e^{it}, (0 \le t \le 2\pi)$ 로 표시되는 곡선 α를 따라 정의되는 선적분에 대한 적분공식

$$u(a) = \frac{1}{2\pi}\int_\alpha u(f(\zeta))dt$$

가 얻어진다. 변환 $z = f(\zeta)$의 역변환은

$$\zeta = \frac{R(Rz-a)}{R^2 - \bar{a}z}$$

이므로 $z = Re^{i\theta}$ 라고 두었을 때

$$\begin{aligned} dt &= \frac{d\zeta}{i\zeta} \\ &= \frac{1}{i}\Big(\frac{1}{z-a} + \frac{\bar{a}}{R^2 - \bar{a}z}\Big)dz \\ &= \Big(\frac{z}{z-a} + \frac{\bar{a}z}{R^2 - \bar{a}z}\Big)\frac{dz}{iz} \\ &= \Big(\frac{z}{z-a} + \frac{\bar{a}z}{R^2 - \bar{a}z}\Big)d\theta \end{aligned}$$

가 얻어진다. $R^2 = |z|^2 = z\bar{z}$를 사용하면 바로 위 식의 마지막

줄에 나오는 $d\theta$의 계수는

$$\begin{aligned}\frac{z}{z-a}+\frac{\bar{a}}{\bar{z}-\bar{a}}&=\frac{|z|^2-|a|^2}{|z-a|^2}\\&=\mathrm{Re}\left(\frac{z+a}{z-a}\right)\end{aligned}$$

등을 만족한다. 이로부터 아래의 정리를 얻는다.

정리 7.5.4 (포아송 적분공식 II) 닫힌 원반 $E(0,R)$을 포함하는 영역 U 가 주어졌다면, 포아송 씨앗함수는 조화함수이고, 열린 원반 위의 모든 점 각각에서 양수 값을 가진다. 또한 조화함수 $u\colon U\to\mathbb{R}$가 주어지면 기호

$$z=Re^{i\theta},\ a=re^{i\psi}$$

를 사용하여

$$u(a)=\mathrm{Re}\left(\frac{1}{2\pi}\int_0^{2\pi}\frac{z+a}{z-a}u(z)d\theta\right)$$

가 성립하는 것을 확인할 수 있다.

이제 몇 가지 중요한 점을 아래에 적어 둔다.

보충 7.5.1 이 절에서는 중심이 원점에 있으며 반지름이 R인 원반에 대하여 다루었지만, 중심이 원점일 필요가 없는 일반적인 점 p에 있을 경우를 설명할 필요가 있을 것 같다. 평행 이동함수 $T(z)=z-p$의 미분이 1이므로 $E(p,R)$의 경우에도 포아송 씨앗함수는 $E(0,R)$의 경우와 같다. 따라서 $a\in E(p,R)$ 는

$a = p + re^{i\psi}$로 표현되며 조화함수 $u : E(p, R) \to \mathbb{R}$에 대하여

$$u(p + re^{i\psi}) = \frac{1}{2\pi}\int_0^{2\pi} \text{Re}\left(\frac{Re^{i\theta} + re^{i\psi}}{Re^{i\theta} - re^{i\psi}}\right)u(p + Re^{i\theta})d\theta$$

가 성립한다.

보충 7.5.2 이제까지 포아송 적분 이론을 다루면서 함수 u가 닫힌 원반 위의 모든 점에서 조화함수인 경우를 다루었지만 사실은 그럴 필요가 없다. 조건 $0 < \epsilon < 1$를 만족하는 경우에 조화함수 $u : D(0, R) \to \mathbb{R}$이 주어졌다면 R, r 대신 $\epsilon R, \epsilon r$을 각각 사용하여

$$\begin{aligned} u(p{+}\epsilon re^{i\psi}) & \\ &= \frac{1}{2\pi}\int_0^{2\pi} \text{Re}\left(\frac{\epsilon Re^{i\theta} + \epsilon re^{i\psi}}{\epsilon Re^{i\theta} - \epsilon re^{i\psi}}\right)u(p + \epsilon Re^{i\theta})d\theta \end{aligned}$$

를 얻고 ϵ을 1로 수렴시키면 되기 때문이다. 따라서 포아송 적분정리는 함수 $u : E(p, R) \to \mathbb{R}$이 연속함수이며 $D(p, R)$의 각 점에서 조화함수이면 항상 성립한다. 이를 확인하는 것은 연습문제로 돌린다.

보충 7.5.3 $u : D(p, R) \to \mathbb{C}$ 가 조화함수이면 포아송 적분공식은 기호와 조건 $\zeta = p + Re^{i\theta}$, $z = p + re^{i\psi}$, $0 \le r < R$ 아래에서 원반의 둘레를 나타내는 곡선 $\alpha : \zeta = p + Re^{it}, (0 \le t \le 2\pi)$에 의해

$$u(z) = \frac{1}{2\pi}\int_\alpha \text{Re}\,\frac{\zeta - z}{\zeta + z}u(\zeta)\frac{d\zeta}{i\zeta}$$

로 표현된다. $\frac{d\zeta}{i\zeta} = d\theta$이므로 u는 복소함수

$$f(z) = \frac{1}{2\pi}\int_{\alpha}\frac{\zeta - z}{\zeta + z}u(\zeta)d\theta$$

의 실수부가 되는데, 이 함수 $f(z)$ 가 온함수가 되는 것은, 미분작용소 $\dfrac{\partial}{\partial\bar{z}}$ 를 시행하면서 적분 기호 아래 미분 방법론을 사용하면, 증명이 바로 얻어진다. 따라서 이 함수의 허수부는

$$\operatorname{Im} f(z) = \frac{1}{2\pi}\int_{\alpha}\Big(\operatorname{Im}\frac{\zeta + z}{\zeta - z}\Big)u(\zeta)\frac{d\zeta}{i\zeta}$$

가 되고 이 함수는 (순허수 상수의 차이를 제외하고는) $u(z)$의 켤레 조화함수를 제공한다. 이 결과 역시 H. A. 슈바르츠의 이론 중에 속한다.

보충 7.5.4 $\Delta 1 = 0$ 때문에 상수 함수 1이 조화함수인 것은 당연하다. 따라서 포아송 적분 공식에 의하여

$$1 = \int_{\partial D(p,R)}\frac{1}{2\pi}\operatorname{Re}\Big(\frac{\zeta + z}{\zeta - z}\Big)d\theta$$

가 성립한다.

7.5.2 포아송 변환

앞에서 소개했던 **코시 변환**의 경우와 비슷한 생각으로 포아송 변환도 만들어진다. $S_R = \partial D(p, R) = \{z\colon |z - p| = R\}$ 위에 정의된 연속함수 $v\colon S_R \to \mathbb{R}$ 가 주어졌다면, 이를 $v(p + Re^{i\theta})$로 표현할 수 있고 실변수 θ에 관한 연속 함수로 생각해도 무방

하다. 또한 임의의 점 $z \in D(p,R)$ 를 $z = p + re^{i\psi}$ 로 쓸 수 있으므로, 식

$$P_v(p + re^{i\psi}) := \frac{1}{2\pi}\int_0^{2\pi} \frac{R^2 - r^2}{|Re^{it} - re^{i\psi}|^2} v(p + Re^{it})dt$$

에 의해 함수 $P_v\colon D(p,R) \to \mathbb{R}$ 가 정의되며, 이 함수는 포아송 씨앗함수가 조화함수라는 사실과 **적분 기호 아래 미분 방법론**에 의해 조화함수가 된다. 이 변환 P를 연속함수 $w\colon S_R \to \mathbb{R}$에 대한 **포아송 변환** (Poisson transform) 이라고 부르기로 한다.

도움정리 7.5.5 방금 정의한 연속함수 $v\colon S_R \to \mathbb{R}$에 대한 포아송 변환 $P_v\colon D(p,R) \to \mathbb{R}$ 은 조화함수이다.

증명의 개요를 위에서 이미 설명하였으므로 상세한 증명을 쓰는 것은 연습문제로 돌린다. 이 포아송 변환은 조화함수 이론에서 매우 중요한 역할을 한다. 다음 마디에서 그 역할을 다룰 예정인데, 지금은 포아송 변환의 기본 성질 몇 가지만 열거하도록 하겠다.

(i) $P_{cv} = cP_v$가 임의의 상수 c에 대해 성립한다. 적분의 선형성 때문이다.

(ii) $P_c = c$가 성립한다. 상수함수가 조화함수이기 때문이다.

(iii) $u < v$가 원 $\partial D(p,r)$ 위에서 성립하면, $P_u < P_v$ 도 $D(p,r)$ 위에서 성립한다. 포아송 씨앗함수가 양수함수이기 때문이다.

8

조화함수 II; 디리클레 문제

유계 영역 $\Omega \subset \mathbb{C}$의 경계 $\partial\Omega$, 그리고 연속함수 $\varphi\colon \partial\Omega \to \mathbb{R}$ 가 주어졌을 때, 아래 세 조건

(1) Ω 위에서 조화함수이고,

(2) Ω의 닫힘 집합 $\overline{\Omega} = \Omega \cup \partial\Omega$ 위에서는 연속함수이며,

(3) 조건 $u(z) = \varphi(z),\ \forall z \in \partial\Omega$ 를 만족하는

함수 $u\colon \overline{\Omega} \to \mathbb{R}$ 가 존재함을 증명하라는 것이 **디리클레 문제** (The Dirichlet problem) 이다.[1] 기호를 사용하여

(†) **연속함수 $\varphi\colon \partial\Omega \to \mathbb{R}$가 주어졌을 때,**

$$\begin{cases} \Delta u|_z = 0, \forall z \in \Omega \\ u|_{\partial\Omega} = \varphi \end{cases}$$

를 만족하는 연속함수 $u\colon \overline{\Omega} \to \mathbb{R}$ 를 구하여라.

로 쓸 수 있다.

[1] G. Dirichlet (1805-1859), 독일의 수학자. 그의 이름을 읽는 방법으로 '디리클레' 와 '디리슐레' 가 모두 인정된다.

8.1 원반 영역 위의 디리클레 문제

디리클레 문제는 복소 평면 위의 유계 영역 Ω이 단위 원반 $D(0,1)$인 경우에 먼저 (그러나 물론 임의의 원반 영역 $D(p,r)$의 경우에도) 슈바르츠 (H. A. Schwarz)에 의 해결되었다. 이 마디에서도 원점을 중심으로 하는 단위원반의 경우를 설명하지만, 이로부터 일반적인 원반의 경우를 끌어내는 것은 비교적 수월하다. 이 부분의 상세한 증명을 해 보는 것은 연습문제로 돌린다.

정리 8.1.1 (슈바르츠 (H. A. Schwarz)) **원 $\partial D(0,1)$ 위에 정의된 유한 개의 점을 제외한 모든 점에서 연속인 유계 함수 $\varphi : \partial D(0,1) \to \mathbb{R}$ 가 주어졌다고 하자. 그러면 이 함수에 대한 포아송 적분 변환**

$$P_\varphi(re^{i\psi}) := \frac{1}{2\pi}\int_0^{2\pi} \frac{1-r^2}{|e^{i\theta}-re^{i\psi}|^2}\varphi(e^{i\theta})d\theta$$

는, φ 가 $e^{i\theta_0}$ 에서 연속인 경우에는, 조건

$$\lim_{re^{i\psi}\to e^{i\theta_0}} P_\varphi(re^{i\psi}) = \varphi(e^{i\theta_0})$$

를 만족한다.

증명. 단위원 위의 점을 하나 선택하여 $e^{i\theta_0}$ 로 표현하자. 이제 단위원을

$$C := \{e^{i\theta} :\ -\pi \le \theta - \theta_0 < \pi\}$$

로 두고,

$$\lim_{D(0,1)\ni re^{i\psi}\to e^{i\theta_0}} P_\varphi(re^{i\psi}) = \varphi(e^{i\theta_0}) \tag{8.1}$$

를 증명하는 것이 목표이다. 함수 φ 를 $\varphi - \varphi(e^{i\theta_0})$ 로 대치하고 위 식을 증명하는 것이 바로 위에 적시한 원래 목표와 논리적으로 동등하므로, $\varphi(e^{i\theta_0}) = 0$ 라고 가정하여도 일반성을 잃지 않는다. 또한 정리의 명제에 주어진 함수 φ가 유계함수이므로 적절한 상수에 대해 $|\varphi(e^{i\theta})| < M,\ \forall e^{i\theta} \in C$ 가 성립한다는 가정도 여전히 성립한다.

이제 $\epsilon > 0$가 임의로 주어졌다고 하자. 그러면 φ가 $e^{i\theta_0}$ 에서 연속이므로

$$C_1 := \{e^{i\theta} : |\theta - \theta_0| < \delta_1\}$$

위에서 $|\varphi(e^{i\theta})| < \frac{\epsilon}{2}$ 가 성립하게 하는 양수 δ_1 이 존재한다. 이제 $C_2 := C \setminus C_1$로 두고,

$$\varphi_1(e^{i\theta}) = \begin{cases} \varphi(e^{i\theta}) & (\theta \in C_1) \\ 0 & (\theta \in C_2) \end{cases}$$

로 두자. 그리고 $\varphi_2 := \varphi - \varphi_1$로 두면

$$P_\varphi = P_{\varphi_1} + P_{\varphi_2}$$

가 성립하고,

$$\begin{aligned}|P_{\varphi_1}(e^{i\theta})| &\le \frac{1}{2\pi}\int_{C_1} \frac{1-r^2}{|e^{i\theta}-re^{i\psi}|^2}||\varphi_1(e^{i\theta})|d\theta \\ &\le \frac{1}{2\pi}\int_{C_1} \frac{1-r^2}{|e^{i\theta}-re^{i\psi}|^2}\cdot\frac{\epsilon}{2}d\theta \\ &\le \frac{1}{2\pi}\int_{C} \frac{1-r^2}{|e^{i\theta}-re^{i\psi}|^2}d\theta\cdot\frac{\epsilon}{2} \\ &= \frac{\epsilon}{2}\end{aligned}$$

도 성립한다.

한편, $\theta \in C_2$에 대해서는 $|e^{i\theta}-re^{i\theta_0}|$의 최소값을 m으로 표시하면 m이 양수이므로 $|e^{i\theta_0}-re^{i\psi}| < \delta_2$ 인 경우에는

$$|e^{i\theta}-re^{i\psi}| \ge \frac{m}{2},\ \forall\theta\in C_2$$

가 성립하게 된다. 그러므로

$$\begin{aligned}|P_{\varphi_2}(e^{i\theta})| &= \frac{(1-r)}{2\pi}\Big|\int_{C_2} \frac{1+r}{|e^{i\theta}-re^{i\psi}|^2}\varphi_2(e^{i\theta})d\theta\Big| \\ &\le (1-r)\frac{10M}{m^2}\end{aligned}$$

를 얻는다. 이제 조건 $|e^{i\theta_0}-re^{i\psi}| < \delta_3$ 를 만족하는 $re^{i\psi} \in D(0,1)$에 대하여는

$$|P_{\varphi_2}(e^{i\theta})| \le (1-r)\frac{10M}{m^2} < \frac{\epsilon}{2}$$

가 성립하게 하는 양수 δ_3가 존재한다.

이제까지 얻은 바를 종합하되, δ 를 δ_1, δ_2 및 δ_3 중에서 가장 작은 수로 선택하면, 조건 $|re^{i\psi} - e^{i\theta_0}| < \delta$ 를 만족하는 $re^{i\psi} \in D(0,1)$에 대하여 $|P_\varphi(re^{i\psi})| < \epsilon$ 가 성립한다. 이로써 증명이 완결된다. □

8.2 디리클레 문제, 페론의 풀이

원반 영역 위에서 디리클레 문제를 해결한 슈바르츠의 정리를 이전 마디에서 공부하였다. 이번에는 그것을 바탕으로, 일반적인 영역 $\Omega \subset \mathbb{C}$ 위에서 디리클레 문제를 공부해 보려고 한다.

1923 년 독일의 수학자 오스카 페론 (O. Perron) 에 의해 제시된 버금조화함수를 이용하는 방법론을[2] 통해 일반적인 경우의 디리클레 문제 해결에 관한 연구가 열렸으므로 이를 소개한다. 다시 말하자면, **페론의 풀이** (Perron solution) 라는 이름으로 알려진 방법론을 여러 마디로 나누어 체계적으로 소개하는 것이 이 절의 목표이다.

8.2.1 함수의 평균성과 조화함수

정의 8.2.1 (**평균성** (Averaging property)) 영역 $\Omega \subset \mathbb{C}$ 위에 정의된 연속함수 $u\colon \Omega \to \mathbb{R}$가 임의의 점 $p \in \Omega$와 조건 $E(p,r) \subset \Omega$를 만족하는 양수 r에 대하여 이 원반 $E(p,r)$의 경계를 매개변수 방정식 $z(t) = p + re^{it}$, $(0 \le t \le 2\pi)$로 표현한 곡선 α 를 이용하여 제시되는 적분 조건

$$u(p) = \frac{1}{2\pi} \int_{\alpha} u(p + re^{it})dt$$

를 만족하면 함수 u 가 **평균성** (Averaging property, **平均性**)을 가진다고 말한다.

[2] 수학의 많은 이론이 그러하듯 이 방법론도 후에 여러 학자들에 의해 교정되고, 개선되고, 확장되었다.

정리 8.2.1 (최대값정리 I) 영역 $\Omega \subset \mathbb{C}$위에 정의된 연속함수 $u\colon \Omega \to \mathbb{R}$가 평균성을 지니면서, 이 함수가 정의구역 Ω에서 최대값을 가지면 이 함수 u는 상수함수이다.

따름정리 8.2.2 (최대값정리 II) 유계 영역 $\Omega \subset \mathbb{C}$의 닫힘 $\overline{\Omega}$ 위에 정의된 연속함수 $u\colon \overline{\Omega} \to \mathbb{R}$ 가 Ω 위에서 평균성을 지니면, 이 함수 u의 최대값은 영역 Ω 의 경계 위에서 일어난다.

증명. 최대값정리 II가 정리 I로부터 따라오는 것은 앞에서 다룬 온함수의 최대절대값정리와 조화함수의 최대값정리의 증명을 다룬 데에서 배운 바를 통해 쉽게 유도되므로 이에 대한 상세한 증명을 쓰는 것은 독자를 위한 연습문제로 돌린다.

정리 I의 증명 역시 이전의 논법을 거의 그대로 사용하지만 중복의 부담을 무릅쓰고 증명을 소개한다.

만약 u 가 상수함수라면 더 이상 증명할 것이 없다. 그러므로 u 가 상수함수가 아니라고 하자. 결론을 부정하여 u 가 점 $q \in \Omega$에서 최대값을 가진다고 가정하자. Ω가 열린 집합이므로 조건 $D(q, R) \subset \Omega$를 만족하는 양수 R이 존재한다. 그렇다면 $u(q)$ 는 $D(q, R)$ 위에서도 물론 u 의 최대값이다. 지금은 조건 $u(q_1) < u(q)$를 만족하는 q_1 이 집합 $D(q, R)$ 안에 있는 경우를 먼저 생각하자. 그러면 $\epsilon = u(q) - u(q_1)$ 은 양수이다. u 가 연속이므로 조건

$$0 < u(q) - u(z) < \frac{\epsilon}{2}, \forall z \in D(q_1, \delta)$$

가 성립하게 하는 양수 δ가 존재한다. 이제 $q_1 = q + re^{it_0}$ 라 두면 중심을 q에 두고 반지름 r인 반시계 방향성을 가지는 원 β에 대하여

$$
\begin{aligned}
u(q) &= \frac{1}{2\pi}\int_{\beta} u(q+re^{it})dt \\
&= \frac{1}{2\pi}\int_{\beta\cap D(q_1,\delta)} u(q+re^{it})dt \\
&\qquad + \frac{1}{2\pi}\int_{\beta\setminus D(q_1,\delta)} u(q+re^{it})dt \\
&\le \frac{1}{2\pi}\int_{\beta\cap D(q_1,\delta)} (u(q)-\frac{\epsilon}{2})dt \\
&\qquad + \frac{1}{2\pi}\int_{\beta\setminus D(q_1,\delta)} u(q)dt \\
&= \frac{1}{2\pi}\int_{\beta} u(q)dt - \frac{1}{2\pi}\int_{\beta\cap D(q_1,\delta)} \frac{\epsilon}{2}dt
\end{aligned}
$$

를 얻게 된다.

한편 곡선 $\beta\cap D(q_1,\delta)$의 길이를 A 라 두면 그 값이 양수이다. 그러므로 바로 위 식이

$$u(q) \le u(q) - \frac{\epsilon}{4\pi}\cdot A$$

를 도출시키는데, 이것은 명백한 모순이다. 따라서 u는 영역 $D(q,R)$ 위에서 함수값이 $u(q)$ 인 상수함수가 되어야 한다.

이제 영역 Ω가 연결된 열린 집합이므로 임의의 점 $w \in \Omega$를 선택하더라도 이 점은 q에서 출발하는 꺾인 선으로 연결이 가능하다. 이로부터 $u(w) = u(q)$를 유도하는 것은 이미 온함수

의 최대절대값 정리를 증명할 때 사용한 논증의 경우와 완전히 같으므로 생략한다. 이로써 증명이 완결된다. □

한편, 이 정리와 원반 영역 위의 디리클레 문제의 풀이 (슈바르츠의 정리 8.1.1)로부터 아래 정리를 얻는다.

> **정리 8.2.3 열린 집합 U 위에 정의된 연속함수 $u\colon U \to \mathbb{R}$ 가 평균성을 지닌다는 조건과, u가 C^2 급 함수이며 $\Delta u = 0$ 를 U 위의 모든 점에서 만족하는 조화함수라는 조건은 논리적으로 동등하다.**

증명. ($\Leftarrow$): 앞에서 배운 바에 의하면 당연하다. 조화함수는 당연히 연속함수이고 평균값 정리를 만족하기 때문이다.

($\Rightarrow$): 조건 $E(p,r) \subset U$를 만족하는 닫힌 원반이 주어지면 원반 위의 디리클레 문제의 풀이 (슈바르츠의 정리 8.1.1)에 의하여 경계 $\partial D(p,r)$ 에서는 u와 값이 일치하며 열린 원반 $D(p,r)$ 위에서는 C^2 급이며 $\Delta\tilde{u} = 0$를 만족하는 조화함수 $\tilde{u}\colon E(p,r) \to \mathbb{R}$ 가 존재한다.

한편, 평균값정리를 만족하는 연속함수도 최대값정리를 성립시킨다. (증명은 조화함수의 경우와 비슷하므로 연습문제로 돌린다.) 따라서 u도 $E(p,r)$ 위에서 최대값정리를 만족한다. 이제 $u - \tilde{u}$가 최대값정리를 만족하며, $\partial D(p,r)$ 위의 모든 점에서 0 이므로 $u-\tilde{u} = 0$ 이 $E(p,r)$ 전체에서 성립한다. 따라서 $D(p,r)$ 위에서 $u = \tilde{u}$ 가 성립한다. 이제 이 결과과 임의의 $p \in U$마다 적당한 양수 $r > 0$이 존재하여 $D(p,r)$ 위에서 성립하게 된다는 결론을 얻는다. 이로써 u 가 영역 U 전체에서 C^2 급 조화함수임이 증명되었다. □

문제 8.2.1 영역 U 위에 정의된 상수가 아닌 연속함수 $f : U \to \mathbb{R}$가 평균성을 가지면, 영역 안에서 최대값을 가지지 못한다. 이를 증명하여라.

8.2.2 버금 평균성, 버금조화함수

위에서 중요한 역할을 한 최대값 정리를 구성하는 중요한 부분은 함수의 평균성이었는데, 곰곰이 잘 살펴보면 사실 꼭 필요한 것은 평균성 조건보다는 약한

$$u(p) \le \frac{1}{2\pi} \int_0^{2\pi} u(p + re^{it})dt$$

라는 부등식 조건이었다. 이 조건을 **버금 평균성** (sub mean-value property) 이라고 부른다.

같은 논증 부분에서 또 고찰되는 것이 있다. u의 연속성도 다 필요하지 않고 소위 **윗쪽 반연속성** (upper semi-continuity) 이라는 성질, 즉 아래 정의로 주어지는 성질이 그것이다.

정의 8.2.2 함수 $u : U \to \mathbb{R} \cup \{-\infty\}$ 점 $p \in U$가 주어졌을 때, 임의의 양수 ϵ 에 대하여 조건

$$u(p) - u(z) < \epsilon, \forall z \in D(p, \delta) \cap U$$

가 성립하게 하는 양수 δ가 존재하면, u 가 점 p 에서 **윗쪽 반연속** (upper semicontinuous) 이라고 정의한다.

아랫쪽 반연속 함수도 정의가 가능하다. 함수 $-u$가 윗쪽 반연속이면, u를 **아랫쪽 반연속** (lower semicontinuous) 이라

고 정의한다. 물론 위 아랫쪽 모두 반연속이라는 조건과 연속 조건은 논리적으로 동등하다.

종합적으로 아래 정의를 소개한다.

정의 8.2.3 (버금조화함수) 복소 평면의 영역 U 위에 정의된 함수 $u \colon U \to \mathbb{R} \cup \{-\infty\}$가 영역 위의 모든 점 각각에서 윗쪽 반연속이고, 또 버금 평균성을 가지면, u를 **버금조화함수** (subharmonic function) 라고 부른다.

앞 절까지 소개한 논증으로부터 아래 정리들이 따라온다.

정리 8.2.4 **영역 U 위에 정의된 함수 $u \colon U \to \mathbb{R} \cup \{-\infty\}$가 상수함수가 아닌 버금조화함수이면, 이 함수는 최대값을 가지지 못한다.**

유계 영역인 경우의 "약한" 최대값정리도 서술한다.

따름정리 8.2.5 **유계 영역 U의 닫힘 집합 $\overline{U} := U \cup \partial U$ 위에 정의된 함수 u가 윗쪽 반연속이고, 상수함수가 아니며, 적절한 양수 C에 대하여 $u(z) \leq C, \forall z \in \overline{U}$를 만족하면, u의 최대값은 경계 ∂U 위에서 일어난다.**

독자는 여기까지 이론을 따라오면서 벌써 **초과조화함수** (superharmonic function) 개념을 머릿속에 그리고 있을 것 같다. 그렇다. 영역 U 위에 정의된 함수 $v \colon U \to \mathbb{R} \cup \{+\infty\}$ 의 부호를 바꾼 함수 $-v$가 버금조화함수인 경우, 즉 "초과조화함수" 개념이 그것이다. 그러므로 v가 **초과조화함수** 라는 말은 이 함수가 **아랫쪽 반연속** (lower semi-continuous)이며 **초과평균성** (super-mean-value property) 조건

$$v(p) \geq \frac{1}{2\pi} \int_0^{2\pi} v(p + re^{it})dt$$

을 만족시킨다는 뜻이 되겠다. 그러면 초과조화함수에 대한 최소값정리, 약한 최소값정리 등이 성립한다. 그러나 이런 결과는 단순히 위에 서술한 버금조화함수에 관한 정리로부터 바로 얻어지므로 별도의 설명을 붙이지 않으려 한다.

다시 버금조화함수로 돌아가서, 기본 성질을 더 확인하도록 하자. 자주 쓰이는 것 몇 가지만 소개한다.

정리 8.2.6 영역 U와 그 안에 포함되는 양수 반지름을 가지는 닫힌 원반 $E(p, r)$ 이 주어졌다고 하자. 그러면 아래 명제들이 성립한다.

- v_1, v_2 가 U 위에 정의된 버금조화함수이고, a_1, a_2 가 양수이면, $a_1v_1 + a_2v_2$ 도 버금조화함수이다.
- 두 버금조화함수 $v_1, v_2 : U \to \mathbb{R} \cup \{-\infty\}$ 가 주어졌다면, 각 점 $z \in U$ 에서 $v_1(z)$와 $v_2(z)$ 중 작지 않은 값을 택하여 함수값으로 삼아 만들어지는 함수 $\max\{v_1, v_2\}$ 도 버금조화함수이다.
- 조화함수 u와 버금조화함수 v 가 조건 $v(w) \leq u(w)$, $\forall w \in \partial E(p, r)$ 를 만족하면 $v(z) \leq u(z), \forall z \in E(p, r)$ 가 성립한다.

증명은 모두 정의와 최대값정리 등에 의해 얻어진다. 연습문제로 돌린다.

문제 8.2.2 정리 8.2.6의 상세한 증명을 작성하여라.

8.2.3 하르나크 이론

지금은 페론 방법론에서 매우 중요한 역할을 담당하는 **하르나크 이론**을 소개하려 한다.[3] 이 이론은 조화함수 연구에 매우 중요할 뿐만 아니라, 조화함수 연구의 범위를 넘어 여러 분야에 영향을 주었다.

연속함수 $u\colon E(p,R)\to\mathbb{R}$가 $D(p,R)$ 위에서 조화함수라 하자. 그러면 조건 $0\le r<R$ 를 만족시키는 r 과 실수 ψ 에 대하여 포아송 적분공식

$$u(p+re^{i\psi})=\frac{1}{2\pi}\int_0^{2\pi}\frac{R^2-r^2}{|Re^{it}-re^{i\psi}|^2}u(p+Re^{it})dt$$

가 성립한다. 한편

$$R-r\le|Re^{it}-re^{i\psi}|<R+r$$

로부터

$$\frac{R-r}{R+r}\le\frac{R^2-r^2}{|Re^{it}-re^{i\psi}|^2}\le\frac{R+r}{R-r}$$

를 얻으며 이를 포아송 적분공식과 결합시켜 아래 정리를 얻는다.

---

[3] C. G. A. Harnack (1851-1888), 독일의 수학자.

정리 8.2.7 (하르나크 부등식 Harnack inequality) 함수 $u\colon D(p,R) \to \mathbb{R}$가 조건 $u \geq 0$ 를 만족시키는 조화함수이면, 조건 $0 \leq r < R$ 를 만족하는 r에 대하여 아래 부등식

$$\frac{R-r}{R+r}u(p) \leq u(z) \leq \frac{R+r}{R-r}u(p), \quad \forall z \in D(p,r)$$

가 성립한다.

이제 페론의 디리클레 문제 해결에 필요한 하르나크의 원리를 소개한다.

정리 8.2.8 (하르나크 원리 Harnack principle) 유계 영역 U 에 정의된 조화함수열 $\{u_k\}$ 이 단조증가, 즉, 조건

$$u_k(z) \leq u_{k+1}(z),\ \forall z \in U,\ \forall k = 1, 2, \ldots$$

를 만족하면 $\lim_{k\to\infty} u_k(z) = +\infty,\ \forall z \in U$ 이거나, 아니면 $\lim_{k\to\infty} u_k(z)$ 가 모든 점 $z \in U$ 각각에 대해 유한한 값으로 존재하고 이 극한값이 정의하는 함수는 다시 조화함수가 된다.

증명. 만약 $\lim_{k\to\infty} u_k(z) = +\infty$ 가 모든 $z \in \Omega$ 에서 성립하면 더 이상 증명할 것이 없다. 그러므로 $\lim_{k\to\infty} u_k(z_0)$ 가 유한한 값이 되게 하는 $z_0 \in U$가 존재한다고 가정하자. 이제 조건 $D(z_0, 2r) \subset U$를 만족하는 양수 r을 선택하고 주어진 함수열에 포함되는 모든 함수의 정의역을 원반 $D(z_0, 2r)$으로 국한시키자.

그리고 새 함수열 $\tilde{u}_k$ 를

$$\tilde{u}_k := u_k - u_1$$

로 정의하면 모든 k 값 각각에 대하여 $0 \le \tilde{u}_k \le \tilde{u}_{k+1}$ 가 성립한다. 수열 $\{\tilde{u}_k(z_0)\}$ 는 단순증가하며 최소상한을 가지기 때문에 $\lim_{k\to\infty} \tilde{u}_k(z_0)$ 가 유한한 값으로 존재한다. 이 값을 $\hat{u}(z_0)$ 로 표시하자.

이제 $\epsilon > 0$가 임의로 주어졌다고 하자. 그러면

$$|\hat{u}(z_0) - \tilde{u}_k(z_0)| < \frac{\epsilon}{3},\ \forall k > N$$

가 성립하게 하는 자연수 N 이 존재한다. 이제 임의의 $z \in D(z_0, r)$ 에 대하여 하르나크 부등식을 조화함수 $\tilde{u}_{k+\ell} - \tilde{u}_k$ 에 적용하면

$$0 \le \tilde{u}_{k+\ell}(z) - \tilde{u}_k(z) \le 3\big(\tilde{u}_{k+\ell}(z_0) - \tilde{u}_k(z_0)\big) < \epsilon$$

가 임의의 자연수 ℓ에 대해 성립한다. 따라서 $\tilde{u}_k$ 는 $D(z_0, r)$ 위에서 고른 코시 함수열이며, 함수값이 모두 실수이므로 고르게 수렴한다. 그러므로 극한함수 $\hat{u}$ 는 연속함수가 되고 평균성도 가지게 된다. 따라서 정리 8.2.3에 의해 이 극한함수가 원반 $D(z_0, r)$ 위에서 C^2급 조화함수임이 확인된다.

한편, z_0를 U 위에서 임의로 선택하였으므로, $\hat{u}$가 영역 U 위에 정의된 조화함수임이 밝혀졌다. 원래 구성에 의해 임의로

선택된 $z_0 \in U$ 에서

$$\begin{aligned}\lim_{k\to\infty} u_k(z_0) &= \lim_{k\to\infty} \tilde{u}_k(z_0) + u_1(z_0)\\ &= \hat{u}(z_0) + u_1(z_0)\end{aligned}$$

가 성립하므로, $\lim_{k\to\infty} u_k$ 도 U 위에 정의되는 조화함수임을 알 수 있게 되어, 증명이 마무리된다. □

8.2.4 페론족과 페론 함수

이번에는 디리클레 문제에 도움이 될 것이 비교적 명백히 보이는 정리를 증명하려고 한다. 정의와 기호를 먼저 소개하자.

정의 8.2.4 (페론족 Perron family) 유계 영역 U, 이 영역의 경계 ∂U, 그리고 연속함수 $\varphi\colon \partial U \to \mathbb{R}$ 가 주어졌을 때, 임의의 경계점 $p \in \partial U$ 에서 조건

$$\limsup_{U\ni z\to p} v(z) \le \varphi(p)$$

를 만족하는 연속인 버금조화함수 v 들로 이루어진 집합을 **φ-페론족** (φ-Perron family)이라고 부르고, 기호로 $\mathcal{P}(U,\varphi)$ 로 표시하기로 한다.

정리 8.2.9 (페론 Perron) 유계 영역 U 에 주어진 φ-페론

족 $\mathcal{P}(U,\varphi)$ 가 주어졌다고 하자. 점 $z \in U$ 마다

$$u(z) := \sup\{v(z) \colon v \in \mathcal{P}_\varphi\}$$

로 정의하면, 이 값은 유한하며, 함수 $u \colon U \to \mathbb{R}$이 정의되는데, 이 함수는 조화함수이다.

증명. 긴 논증을 읽는 것은 아무래도 어렵게 느껴지기에, 단계별로 나누어 구성한다.

제1 단계: U가 유계 영역이므로 경계 ∂U는 옹근(compact) 집합이고, 따라서 연속함수 $\varphi \colon \partial U \to \mathbb{R}$는 조건

$$|\varphi(z)| \le M, \forall z \in \partial U$$

를 만족시키는 양수 M을 가진다. 그러면, 상수함수 $v(z) = -M, \forall z \in U$ 가 φ-페론족의 원소인 것을 바로 알 수 있고, 따라서 페론족은 공집합이 아니다. 게다가, φ-페론족에 속하는 원소는 함수값이 M을 넘지 못한다는 것도 버금조화함수의 최대값정리에 의해 바로 확인된다.

제2 단계: 이제 $z_0 \in U$를 임의로 선택하고, 조건 $E(z_0, r) \subset U$를 만족시키는 양수 r을 택한다. u의 정의에 의해 조건

$$\lim_{j\to\infty} v_j(z_0) = u(z_0)$$

를 만족시키는 함수열 $\{v_j\} \subset \mathcal{P}(U,\varphi)$가 존재한다. 한편

$$u_k = \max\{v_1, \ldots, v_k\}$$

로 두면 $\{u_k\} \subset \mathcal{P}(U, \varphi)$ 가 성립하기 때문에 위에서 선택했던 함수열 $\{v_j\}$ 가 단조 증가 조건 $v_k \leq v_{k+1}, \forall k$를 만족시킨다고 가정하여도 논증의 일반성을 잃지 않는다.

제3 단계: 이제 원반 $E(z_0, r)$ 위에서 자연수 k마다 디리클레 문제

$$\begin{cases} \Delta h_k(z) = 0 & \forall z \in D(z_0, r) \\ h_k(\zeta) = v_k(\zeta), & \forall \zeta \in \partial D(z_0, r) \end{cases}$$

를 생각하자. 그러면 원반 영역 위의 디리클레 문제를 해결한 슈바르츠의 정리 8.1.1 에 의해 풀이 $h_k \colon E(z_0, r) \to \mathbb{R}$ 가 정확히 하나 존재한다. 이제

$$\tilde{v}_k(z) := \begin{cases} h_k(z) & \forall z \in D(z_0, r) \\ v_k(z) & \forall z \in U \setminus D(z_0, r) \end{cases}$$

로 두자. 그러면 $\tilde{v}_k \in \mathcal{P}(U, \varphi)$ 와

$$v_k(z) \leq \tilde{v}_k(z), \forall z \in U$$

가 성립하며, $v_k \leq v_{k+1}$ 로부터 $\tilde{v}_k \leq \tilde{v}_{k+1}$ 도 얻는다.

제4 단계: 하르나크 원리에 의해 단조 증가 조화함수열 $\{h_k \colon E(z_0, r) \to \mathbb{R}\}$ 는 $\hat{h} := \sup h_k$ 로 고르게 수렴하며, $\hat{h}$ 는 $D(z_0, r)$ 위에서 조화함수가 되고, $\hat{v} = \sup \tilde{v}_k$ 로 두면

$$\hat{v}(z_0) = \hat{h}(z_0) = u(z_0)$$
$$\hat{v}|_{D(z_0,r)} = \hat{h}|_{D(z_0,r)}$$

가 모두 성립하므로, k가 자연수이면 $\hat{v}, \tilde{v}_k$ 등은 모두 원반 $D(z_0, r)$ 위에서 조화함수이고, 전체적으로는 연속인 버금조화함수이며, 모두 페론족 $\mathcal{P}(U, \varphi)$ 에 속한다. 그러므로 u의 정의에 의하여

$$\tilde{v}_k \leq u(z),\ \hat{v}(z) \leq u(z)$$

등도 임의의 $z \in D(z_0, r)$에 대해 성립한다.

제5 단계: 이제 $\hat{v}(z) = u(z),\ \forall z \in D(z_0, r)$ 를 증명하려고 한다. 이를 위해 점 y 를 원반 $D(z_0, r)$ 의 점들 중에서 임의로 택한다. 그러 u의 정의에 의하여, 조건

$$\lim_{j \to \infty} w_j(y) = u(y)$$

를 만족시키는 함수열 $\{w_j\} \subset \mathcal{P}(U, \varphi)$ 이 존재한다. 지금 소개한 함수열을 구성하는 함수 w_j 각각에 제2단계에 소개한 과정을 적용시킨다. 즉 w_j 를 $\max\{\tilde{v}_j, w_1, \ldots, w_j\}$ 로 대치하여, 새로운 w_j가 조건

$$\tilde{v}_j \leq w_j \leq w_{j+1} \forall j$$

등을 모두 만족시킨다고 가정하여도 논증의 일반성을 잃지 않는다.

이 대목에서 이 w_j에 제3 단계의 과정을 적용한다. 즉, 원반 $D(z_0, r)$ 위에 있는 w_j의 그래프 부분을 잘라내고 $w_j|_{\partial D(z_0, r)}$ 을 경계조건으로 가지는 디리클레 문제의 풀이가 되는 조화함수를 w_j의 그래프에 잘라낸 곳에 붙여넣어 새 함수를 얻고 이 함수를 $\tilde{w}_j$ 라는 기호로 표시하자. 그러면 이 함수는 다시 페론족

$\mathcal{P}(U,\varphi)$에 속하고, 조건 $\tilde{u}_j \le \tilde{w}_j$를 만족시키기 때문에 함수 $\hat{w}(z) := \sup w_j(z)$는 U 위에서 버금조화함수이면서 동시에 $D(z_0, r)$ 위에서는 조화함수가 된다. 뿐만 아니라,

$$\begin{aligned} \hat{w}(y) &= u(y), \\ \hat{w}(z_0) &= u(z_0) = \hat{v}(z_0), \\ \hat{w}(\zeta) &\ge \hat{v}(\zeta), \forall \zeta \in \partial D(z_0, r) \end{aligned}$$

등이 모두 성립한다. 그러면 함수 $\hat{v} - \hat{w}$가 $D(z_0, r)$ 위에서는 조화함수이고, 원반의 경계 $\partial D(z_0, r)$ 위에서는 값이 0 보다 작거나 같고, 점 z_0에서는 0이 된다. 그러면 조화함수의 최대값정리에 의해 원반 $D(z_0, r)$ 위에서 $\hat{v} - \hat{w} = 0$ 가 원반 위의 모든 점에서 성립해야 한다. 그러므로 특히 $\hat{v}(y) = \hat{w}(y) = u(y)$가 성립한다.

제6 단계: 이제 증명을 완결지을 수 있게 되었다. 점 y의 선택이 원반 $D(z_0, r)$ 위에서 임의로 이루어졌던 점 때문에 $u = \hat{v}$가 원반 $D(z_0, r)$ 전체에서 성립한다. 따라서 u는 원반 $D(z_0, r)$ 위에서 조화함수라는 결론을 얻는다. 게다가, 점 z_0도 영역 U 위에서 임의로 선택되었기 때문에, 이로부터 $u\colon U \to \mathbb{R}$가 조화함수라는 결론을 얻으며, 증명이 드디어 완결된다. □

이렇게 얻어진 함수 u를 보통 **페론족** $\mathcal{P}(U,\varphi)$ **의 페론 함수** (The Perron function of $\mathcal{P}(U,\varphi)$) 라고 부른다. 그러므로 위의 **정리** 8.2.9이 말하는 바가 "**페론 함수는 조화함수이다.**" 라고 요약하여 기억하면 좋을 것 같다.

8.2.5 페론의 디리클레 문제 풀이

1923년 Mathematische Zeitschrift 에 발표된 페론의 논문에 소개된 디리클레 문제의 풀이의 결론을 소개하려고 한다.[4]

정의 8.2.5 (버금조화 봉우리 함수) 복소 평면 위의 영역 Ω 의 경계점 $p \in \partial\Omega$ 에 대하여 아래 두 조건

(i) $\lim\limits_{\Omega \ni z \to p} b_p(z) = 0.$

(ii) $\limsup\limits_{\Omega \ni z \to p'} b_p(z) < 0, \forall p' \in D(p,r) \cap \overline{\Omega} \setminus \{p\}$

를 모두 만족하는 버금조화함수 $b_p \colon D(p,r) \cap \Omega \to \mathbb{R}$가 존재하면, 이를 **영역 Ω에 대하여 점 p에서 봉우리를 가지는 버금조화함수**, 또는 **버금조화 봉우리 함수** (subharmonic peak-function)라고 부르기로 한다.[a]

[a]영어 용어 "subharmonic barrier function"과 같은 개념이다.

영역의 모든 경계점이 버금조화 봉우리 함수를 가지지는 아니한다. 이에 대해서는 아래 연습문제에서 예를 다뤄보도록 하겠다.

문제 8.2.3 구멍난 단위원반 $D^{\times}(0,1) = \{z \in \mathbb{C} \colon 0 < |z| < 1\}$ 의 경계점인 원점은 버금조화 봉우리함수를 가지지 못한다. 이를 증명하여라.

[4]대부분의 주요 수학 이론이 맨 처음 발표될 때 그러하듯, 페론의 풀이도 미비한 곳이 있었고 가정 조건도 가장 일반적이지 못하였다. 많은 학자들의 후속 연구에 의해 보다 정확하고 보다 일반적인 이론으로 발전하였다. Bouligand, Tsuji를 포함한 여러 수학자들의 공헌 덕분이다. 여기에 소개하는 내용은 물론 여러 학자들의 도움으로 개선된 내용이다.

이제 페론의 정리를 소개한다.

정리 8.2.10 (페론 Perron) **유계 영역 $\Omega \subset \mathbb{C}^n$ 의 모든 경계점 각각에 버금조화 봉우리함수가 존재하면, 임의의 연속함수 $\varphi\colon \partial\Omega \to \mathbb{R}$를 경계 조건으로 하는 디리클레 문제**

$$\begin{cases} \Delta u(z) = 0 & \forall z \in \Omega \\ u(\zeta) = \varphi(\zeta) & \forall \zeta \in \partial\Omega \end{cases}$$

의 풀이가 되는 연속함수 $u\colon \overline{\Omega} \to \mathbb{R}$ 가 정확히 하나 존재한다.

증명. 만약 풀이가 되는 함수가 두 개 존재한다면, 그것을 u_1, u_2 로 각각 표시하자. 그러면 $u_1 - u_2$는 연속함수이며 경계 $\partial\Omega$에서 값이 0이고 영역 Ω 위에서 조화함수가 된다. 따라서 조화함수의 최대값 정리에 의해 $u_1 - u_2 = 0$이 영역의 모든 점에서 성립하게 된다. 따라서 풀이가 있다면 정확히 하나일 수밖에 없다.

이제 이 증명의 어려운 부분인 풀이함수의 존재를 증명하려고 한다. 앞 절에서 다루었던 페론족 $\mathcal{P}(\Omega, \varphi)$와, 이로부터 만들어지는 **페론 함수** $u\colon \Omega \to \mathbb{R}$를 **사용**하려 한다. 이 함수가 조화함수인 것은 이미 앞의 정리 8.2.9에서 밝혔으므로, 증명의 완결을 위해서는

$$\lim_{\Omega \ni z \to p} u(p) = \varphi(p)$$

가 모든 경계점 $p \in \partial\Omega$ 각각에서 성립한다는 것을 보이면 된다.

Ω가 유계 영역이므로 경계 $\partial\Omega$가 옹근 집합이 되고, 경계 조건을 주는 함수 $\varphi\colon \partial\Omega \to \mathbb{R}$가 고르게 연속인 함수 (uniformly continuous function) 가 된다. 따라서 적절한 상수 M이 존재하여 조건

$$|\varphi(\zeta)| < M, \forall\zeta \in \partial\Omega$$

를 만족시키고, 또한 임의의 양수 ϵ에 대하여 조건 $|z_1 - z_2| < \delta$를 만족시키는 임의의 두 점 $z_1, z_2 \in \partial U$에 대하여, 조건 $|u(z_1) - u(z_2)| < \epsilon$를 항상 만족시키게 하는 양수 δ가 존재한다.

이제 $\zeta \in \partial\Omega$를 임의로 선택하자. 그러면 가정에 의해 상수 $s > 0$와 조건

- $\lim_{\Omega \ni z \to \zeta} b_\zeta(z) = 0,$
- $\lim_{\Omega \ni z \to \zeta} b_\zeta(z) < 0, \forall z \in \overline{\Omega} \cap D(\zeta, s)$

들을 모두 만족시키는 버금조화 봉우리함수 $b_\zeta\colon D(\zeta, s) \cap \Omega \to \mathbb{R}$가 존재한다. 편의를 위해

$$-\mu := \inf_{w \in \Omega \cap \partial D(\zeta, s/2)} b_\zeta(w)$$

라 두자. 그러면, b_ζ 를 사용하여 아래와 같이

$$\tilde{b}_\zeta(z) = \begin{cases} b_\zeta(z) & \forall z \in E(\zeta, s/2) \cap \Omega \\ -\mu & \forall z \in \Omega \setminus E(\zeta, s/2) \end{cases}$$

로 두어, ζ에 정점을 가지며 Ω 전체에 정의된 버금조화 봉우리함수 $\tilde{b}_\zeta\colon \Omega \to \mathbb{R}$를 정의할 수 있다.

이제 임의의 $z \in \Omega$ 에 대하여

$$g_\zeta(z) := \varphi(\zeta) + \epsilon - \frac{\tilde{b}_\zeta(z)}{\mu}(M - \varphi(\zeta))$$

로 두자. 그러면 $-g_\zeta$ 는 영역 Ω 전체에 정의된 버금조화함수가 되는데, 그 이유는 $g_\zeta : \Omega \to \mathbb{C}$가 초과 조화함수이기 때문이다.

이제 아래 성질

(1) $\liminf_{\Omega \ni z \to w} g_\zeta(z) \geq \varphi(w), \forall w \in \partial\Omega.$

(2) 임의의 $v \in \mathcal{P}(\Omega, \varphi)$ 에 대해 Ω 전체에서 $v \leq g_\zeta$.

들이 모두 성립하는 것을 확인하기로 하자.

이건 어렵지 않다. 우선 $\delta_1 = \min\{\delta, s/2\}$ 로 두자. 임의의 $w \in \partial U \cap D(\zeta, \delta_1)$ 를 택하면,

$$\begin{aligned}
\liminf_{\Omega \ni z \to w} g_\zeta(z) &\geq \varphi(\zeta) + \epsilon - \frac{1}{\mu}\tilde{b}_\zeta(w)(M - \varphi(\zeta)) \\
&\geq \varphi(\zeta) + \epsilon \\
&\geq [\varphi(w) - \epsilon] + \epsilon \\
&\geq \varphi(w)
\end{aligned}$$

를 얻는다. 반면에 $w \in \partial U \setminus D(\zeta, \delta_1)$ 를 임의로 택하면,

$$\begin{aligned}
\liminf_{\Omega \ni z \to w} g_\zeta(z) &> \varphi(\zeta) + \epsilon + (M - \varphi(\zeta)) \\
&= M + \epsilon \\
&> \varphi(w)
\end{aligned}$$

를 얻는다. 이들 부등식으로부터 (1)을 얻는다.

이제 (2)를 얻으려 하는데 그것도 어렵지 않다. (1)에 의하여

$$\limsup_{z\to\zeta\in\partial\Omega} v(z) \le \varphi(\zeta) \le \liminf_{\Omega\ni z\to\zeta} g_\zeta(z)$$

가 성립하며, $v - g_\zeta$ 가 유계 영역 Ω 전체에서 버금조화함수이므로 최대값정리에 의해 (2)가 따라오기 때문이다.

이제 (2)에 페론함수 u의 정의를 더하면,

$$\limsup_{z\to\zeta} u(z) \le \varphi(\zeta), \forall\zeta \in \partial\Omega$$

를 얻는다.

이제 증명이 거의 끝났다. 지금은

$$\varphi(w) \le \liminf_{z\to w} u(z), \forall w \in \partial\Omega$$

를 얻기만 하면 된다. 이제

$$h_\zeta(w) = \varphi(\zeta) - \epsilon + \frac{1}{\mu}\tilde{b}_\zeta(w)(M + \varphi(\zeta))$$

로 정의되는 함수 h를 생각하자. 그러면 이 함수 $h_\zeta : \overline{U} \to \mathbb{R}$는 윗쪽 반연속함수이고, 영역 Ω 위에서 버금조화함수이다. 이 대목에서 우리는

(3) $h_\zeta \in \mathcal{P}(\Omega, \varphi)$.

를 확인하고 싶다. 이를 위해서는 $\limsup_{z\to w} h_\zeta(z) \le \varphi(w), \forall w \in$

$\partial\Omega$ 만 확인하면 된다. 그런데 $w \in \partial\Omega \cap D(\zeta, \delta_1)$ 가 성립하는 경우에는,

$$\begin{aligned}\limsup_{z\to w} h_\zeta(z) &\le \varphi(\zeta) - \epsilon \\ &< [\varphi(w) + \epsilon] - \epsilon \\ &= \varphi(w)\end{aligned}$$

를 얻으며, 대조적으로 $w \in \partial U \setminus D(\zeta, \delta_1)$가 성립하는 경우라면,

$$\limsup_{z\to w} h_\zeta(z) \le -M - \epsilon < \varphi(w)$$

를 얻는다. 그러므로 페론 함수 u의 정의에 의해 $h_\zeta(z) \le u(z), \forall z \in \Omega$가 성립하게 된다. 이로부터

$$\varphi(\zeta) \le \liminf_{z\to\zeta} u(z),$$

가 바로 따라나온다.

이제까지 얻어낸 소결론을 모두 종합하면 페론함수 u가 영역 Ω의 경계까지 연속함수로 확장되며, $u(w) = \varphi(w), \forall w \in \partial\Omega$를 얻는다. 이로써 증명이 완결된다. □

연습 문제

문제 8.2.4 영역의 경계점에 버금조화 봉우리함수가 존재하지 않는 경우에는 디리클레 문제가 풀이함수를 가지지 못할 수 있다. 예를 들어 보아라. 그리고 예가 옳음을 증명하여라.

9

리만 함수정리

이 책의 주제인 온함수의 함수 이론과 온함수의 기하학적인 성질에 관한 공부를 아우르는 위대한 정리로 손꼽히는 **리만 함수정리** (The Riemann Mapping Theorem)는 1851년 독일의 괴팅겐 (Göttingen) 대학에서 열린 리만 교수의 특별 강연에서 처음 소개되었다. 이 정리의 증명과 역사와 파급 효과 및 여러 측면 등에 관하여 소개하고 논증을 제공하는 것이 이 장의 목표이다.

9.1 리만 함수 정리

복소 평면 위에 영역 U, V가 주어졌다고 하자. 만약 함수 $f : U \to V$가 온함수이고 전단사(bijective) 함수이며 역함수 $f^{-1} : V \to U$도 온함수이면 이 함수 f를 **양방향 온함수** (biholomorphic mapping) 또는, **온함수 동형** (holomorphic equivalence) 이라고 부른다. 이런 함수가 존재하면, 두 영역 U, V 가 서로 **온함수 동형 관계에 있다.** (holomorphically equivalent) 라고 말하기도 한다.

지나가는 길에 말해 두자면, 온함수가 전단사 함수이면 역함수는 자동적으로 온함수가 된다는 것이 잘 알려져 있는데, 이 책에서도 정리 6.5.1을 통해 이미 확인해 두었다. .

리만 함수정리(The Riemann Mapping Theorem)는 아래와 같다.

정리 9.1.1 (리만 함수정리 I) 영역 $U \subsetneq \mathbb{C}$가 단순연결 영역이면 양방향 온함수 $f: U \to D(0,1)$ 가 존재한다.

9.1.1 리만의 설명과 논증에 얽힌 이야기

리만은 물론 그의 1851년 괴팅겐 강연에서 스쳐 지나가듯 정리와 증명을 설명하였다. 그러나 그 설명과 증명은 수학자들이 받아들이기 어려웠다고 한다. 증명의 계획을 스케치한 정도였기에, 많은 이들이 이를 증명으로 인정하지 않았던 것이다.

이에 관한 논문이 여럿 있지만 (대부분 영역과 경계에 대한 부대 조건을 더한 정리) 리만의 원래 조건과 착상을 상세한 증명으로 만들어 현대적인 수준의 증명으로 받아들여지도록 재구성한 것은 미국 University of California at Los Angeles (UCLA)의 Robert E. Greene 교수와 우리나라 포항공과대학교 (Pohang University of Science and Technology (POSTECH))의 김강태 (이 책의 저자이기도 하다!) 교수의 공저 논문 [R. E. Greene and K.-T. Kim, "The Riemann Mapping Theorem by Riemann's viewpoint," Complex Analysis and its Synergies. 2017.] 이 최초이다.

사실, 수학적으로 엄밀한 증명은 일찍이 1912년에 출간되었다. 이는 온함수열 이론 ("Normal families")을 이용한 것으로 괴팅겐 대학의 콘스탄틴 카라테오도리 (C. Carathéodory) 교수의 논문에 실려 있고, 현재 대부분의 복소함수론 책에 실려있으며 정확하고도 깨끗한 증명이다. 하지만 그것은 리만의 착상과 리만이 제시한 방법론에서는 상당히 먼, 아주 다른 논증이다.

리만의 원래 착상을 상세한 증명으로 그려낸 Greene-Kim 결과를 보면 리만이 강연 말미에 스케치하듯 개략적으로 설명한 "논증"이, 역사적인 이유를 제외하더라도, 수학적으로 상당한 의미를 가지고 있음을 바로 느끼게 된다. 그러므로 여기에서는 로버트 그린과 김강태의 증명을 주로 소개하겠고, 다른 여러 책에 소개되어 있는 카라테오도리의 증명이 어떻게 구성되어 있는지에 대해서 설명은 붙이지만, 상세한 증명은 우리의 설명을 바탕으로 독자가 직접 구성하도록 (다른 책을 참조하더라도) 연습문제를 구성하여 제공할 것이다.

리만 함수정리를 둘러싼 역사와 이야기에 관하여 관심 있는 독자를 위해서는 R. Remmert 교수의 저서 "Classical Topics in Complex Function Theory," Springer Graduate Textbooks in Mathematics, Volume 172 를 추천한다. Chapter 8에 카라테오도리의 증명을 포함한 상당히 많은 고급 지식이 잘 서술되어 있다.

9.2 단순 연결 영역에 관하여

"단순 연결성" 은 위상수학적인 개념이며, 상황에 따라 여러 모양으로 설명된다. 우리도 이 장의 목적에 맞게 몇 가지 개념을 소개하고 그들 사이의 관계를 설명하도록 하겠다.

9.2.1 위상수학적 단순연결성

앞에서 이미 언급한 바 있지만 영역 U가 그 안에 있는 임의의 폐곡선, 즉 조건 $\alpha(a) = p = \alpha(b)$를 만족시키는 임의의 연속함수 $\alpha\colon [a,b] \to U$에 대하여, 조건

- $H(t,0) = \alpha(t),\ H(t,1) = p,\ (\forall t \in [a,b])$
- $H(0,s) = p = H(1,s),\ (\forall s \in [0,1])$

를 만족시키는 연속함수 $H\colon [a,b] \times [0,1] \to U$가 존재하면, 영역 U가 점 p를 기준으로 **단순연결** (simply connected) 되어 있다고 말하며, 이를 기호 $\pi_1(U,p) = 0$로 표시한다. 그러나 우리는 이 장에서 또 다른 단순연결성 개념도 소개할 예정이므로, 지금 소개한 개념을 가끔 **위상적 단순연결성** (topological simple-connectedness) 이라고 부르겠다.

9.2.2 함수론적 단순연결성

영역 U에 대하여 임의의 온함수 $f\colon U \to \mathbb{C}$가 온함수인 원시함수 $F\colon U \to \mathbb{C}$, 즉 조건 $F' = f$를 만족하는 온함수 F를 가지면, 영역 U를 **함수론적으로 단순연결** (holomorphically simply-connected) 되어 있다고 말하고, 기호로는 $\mathfrak{h}_1(U) = 0$

라고 표현하려 한다. 그리고 우리는 이 장에서 리만의 논리를 따라

정리 9.2.1 (리만 함수정리 II) **영역 $U \subsetneq \mathbb{C}$가 함수론적으로 단순연결되어 있으면, U는 단위원반 영역 $D(0,1)$과 온함수 동형** (holomorphically equivalent) **관계를 가진다.**[a]

[a]온함수 동형 관계를 기호 $U \cong D(0,1)$ 로 표시한다.

물론 두 영역이 온함수 동형 관계에 있다는 말은 앞의 정의에서 밝힌 바와 같이, 두 영역 사이에 양방향 온함수가 있다는 뜻이다. 그런데, 위상적으로 단순연결이면 함수론적으로 단순연결이라는 사실을 확인할 수 있으므로 (정리 2.4.1 참조) 지금 바로 위에 소개한 정리가 논리적으로 원래 리만 함수정리보다 더 강하게 보일 수도 있겠다. 그러나 사실은, 리만 함수정리 II가 증명되고 나면, 영역 $U \subsetneq \mathbb{C}$에 대하여 논리 관계를 나타내는 식

$$\begin{aligned}\pi_1(U,p) = 0 &\Rightarrow \mathfrak{h}_1(U) = 0\\ &\Rightarrow \text{리만 함수정리 II, 즉 } U \cong D(0,1)\\ &\Rightarrow \pi_1(U,p) = \pi_1(D(0,1),0) = 0\end{aligned}$$

등이 보여주듯이, 리만 함수정리 I과 리만 함수정리 II가 논리적으로 동등하다는 사실이 확인된다.

9.3 리만의 관점을 따른 리만 함수정리의 증명

9.3.1 리만의 1851년 '증명'

170여년 전 리만의 정리와 증명에 대해 리만이 직접 쓴 바를 알고 싶을 것이다. 원문은 독일어로 작성되었지만 영어로 잘 번역된 문서가 있으며, 지금은 인터넷 검색을 통해 쉽게 얻을 수 있다.[1]

리만의 '증명' 은 아래와 같이 3 단계로 번역되고 정리된다.

1. 단순연결 평면 영역 $U \subsetneq \mathbb{C}$와 점 $p \in U$ 가 주어졌다면, 미분방정식 조건

$$\begin{cases} \Delta\big(G(z) - \ln|z-p|\big) = 0 & \forall z \in U \\ \qquad G(\zeta) = 0 & \forall \zeta \in \partial U \end{cases}$$

   를 만족시키는 함수 $G\colon U \setminus \{p\} \to \mathbb{R}$ 가 존재한다.

2. 조화함수 G의 켤레조화함수 H를 구하고, 함수 $F(z) := e^{G(z)+iH(z)}$ 를 구성한다.

3. 그러면 F는 U 를 단위원반 $D(0,1)$에 대응시키고, $F(p) = 0$ 가 성립하며, 전단사 온함수 $F\colon U \to D(0,1)$ 를 제공한다. 뿐만 아니라 임의의 전단사 온함수 $H\colon U \to D(0,1)$ 가 존재하여 조건 $H(p) = 0 = F(p)$와 $H'(p) = F'(p)$를 만족시키면, $H = F$가 성립해야 한다.

[1] R. E. Greene & K.-T. Kim, Riemann mapping theorem by Riemann's viewpoint, Complex Anal. Synerg. (2017) 3:1 의 Reference 부분을 참조하면 된다.

정말 이 정도로 쓰여진 것이 전부 다가 맞느냐는 질문을 독자께서 하실 것 같다. 정말 그러하다. 심지어는 이 강연에서 리만이 발표한 정리—즉, 리만 함수정리—는 제21절에 포함된 단락 하나일 뿐, 정리로 따로 제공되지도 않았으며 영역이 복소평면 전체가 아니어야 한다는 조건도 포함되어 있지 않았다. 그 문장을 원문 그대로 여기 발췌해 싣는다.

> Zwei gegebene einfach zusammenhängende ebene Flächen können stets so auf einander bezogen werden, daß jedem Punkte der einen Ein mit ihm stetig fortrückender Punkt der anderen entspricht und ihre entsprechenden kleinsten Theile ähnlich sind; und zwar kann zu Einem innern Punkte und zu Einem Begrenzungspunkte der entsprechende beliebig gegeben werden; dadurch aber ist für all Punkte die Beziehung bestimmt.

독자를 위해 한글 번역을 싣는다.

> 단순 연결된 두 개의 평면 영역은, 한 면의 점이 다른 면의 점에 연속적으로 움직이도록 관계 지어질 수 있는데, 서로 대응되는 가장 작은 부분 끼리 서로 닮게 된다. 실제로, 곡면 내부의 한 점과 작은 부분이 임의로 대응되게 할 수 있으며, 이에 의해 다른 모든 점들 사이의 대응 관계가 모두 결정된다.

이처럼 애매하게 제공된 정보를 가지고 명제나 논증의 정확도를 따지는 것이 어려웠을 것은 짐작할 만하다. 그러나 우리는 여기에서 리만의 문장이나 명제 및 논증에 관한 평을 하지 않겠다. '가십'은 재미있기도 하고, 심지어는 그로부터 수학적으로 배울 점도 있어서 저자도 한 때 그런 것을 즐겼으나, 지금의 저자는 그런 가십을 되도록 피하고 싶어 하기 때문이다. 그러나 독자가 그런 스토리에 관심을 가진다면 그것도 좋은 생각이라고 생각한다. 그러므로, 관심 있는 독자에게는 이 장의 첫머리에 소개한 Remmert 교수의 저서 Classical Topics in Complex Function Theory, Chapter 8에 수록된 내용을 추천한다.

9.4 로버트 그린 · 김강태의 증명

이제 2017년에 발표된 로버트 그린 · 김강태의 논문과 그 공헌을 따라 리만의 착상과 논증을 상세히 설명하도록 하겠다. 이를 위해 여기에서 증명할 리만함수정리를—물론 원래 리만함수정리와 논리적으로 동등하다—다시 서술한다.

정리 9.4.1 (리만 함수정리 II) **영역 $U \subsetneq \mathbb{C}$가 함수론적으로 단순연결되어 있다고, 즉, $\mathfrak{h}_1(U) = 0$ 가 성립한다고 가정하자. 그러면 U와 단위 원반 $D(0,1)$은 온함수 동형 관계에 있다.**

9.4.1 단순 연결 영역의 유계화

리만의 착상을 따르기 위하여 우리도 디리클레 문제를 해결하고 싶다. 다만 리만 함수정리가 다루는 영역은 단순연결되어 있고 복소평면 전체가 아니기는 하지만 유계영역이 아닐 수 있으므로, 이 영역이 유계 영역과 온함수 동형 관계에 있음을 증명한 결과를 먼저 소개하려고 한다. 이 정리는 쾨베, 카라테오도리 등에 의해 1911년 경에 발견되었다고 한다.

정리 9.4.2 (쾨베, 카라테오도리) **영역 U가 단순연결되어 있고 $U \subsetneq \mathbb{C}$ 이면 이 영역은 유계 영역과 온함수 동형 관계에 있다.**

증명. $\mathbb{C} \setminus U$는 공집합이 아니다. 그러므로 영역을 이동시켜 원점 0이 U의 원소가 아니라고 가정하여도 논증의 일반성을 잃지 아니한다. 이제 함수 $\frac{1}{z}$이 U 전체에서 정의된 온함수이고

$\mathfrak{h}_1(U) = 0$ 이므로 이 함수는 온함수 원시함수를 가진다. 물론 이 함수는 복소 로그함수 $\log z$의 가지이다. 그러므로 복소로그의 가지함수를 이용하여 정의한 함수 $v(z) := e^{\frac{1}{2}\log z}$는 영역 U 전체에서 잘 정의된 온함수이며 관계식 $(v(z))^2 = z, \forall z \in U$를 만족시킨다.

만약 두 점 $z_1, z_2 \in U$가 $v(z_1) = \pm v(z_2)$ 를 만족시킨다면, $z_1 = (v(z_1))^2 = (\pm v(z_2))^2 = z_2$가 성립해야 한다. 이는 특히 $v\colon U \to \mathbb{C}$가 단사 (즉, $1-1$) 온함수임을 보여 준다.

그런데 이 단순한 논증은 또다른 결과도 보여 준다. $v(U)$를 다시 조사해 보자. v는 단사함수이므로 상수함수가 아닌 온함수이다. 그러므로 열린함수정리 (정리 6.4.1)에 의하여 $v(U)$는 열린 집합이다. 그러므로 $z_0 \in U$ 이면 $D(v(z_0), r) \subset v(U)$ 를 만족시키는 양수 r 이 존재하게 된다.

만약 $D(-v(z_0), r) \cup v(U)$가 공집합이 아니라면 $|v(z_0) + v(z_1)| < r$ 를 만족하는 $z_1 \in U$가 존재해야 한다. 그러면 $-v(z_1) \in D(v(z_0), r) \subset v(U)$로부터 $-v(z_1) = v(z_2)$ 가 성립하는 z_2가 U 안에 있어야 한다. 그러나 이로부터 $z_1 = (-v(z_1))^2 = (v(z_2))^2 = z_2$ 가 도출되므로 $-v(z_1) = v(z_2) = v(z_1)$ 가 성립해야 하고, $v(z_1) = 0$가 바로 얻어지며, 따라서 $0 = 0^2 = (v(z_1))^2 = z_1$도 얻어진다. 하지만, 0이 U의 원소가 아니므로 $z_1 = 0 \notin U$ 가 얻어져서 모순에 도달한다. 그러므로 $D(-v(z_0), r) \cup v(U) = \varnothing$ 가 성립해야 한다.

한편, 함수 $h(z) := 1/(v(z) + v(z_0))$ 는 U 위에 정의된 단사 온함수이며,

$$h(U) \subset D(0, 1/r)$$

를 만족시킨다. 그러므로 U는 유계 영역 $h(U)$와 온함수 동형 관계에 있게 된다. 이로써 정리의 증명이 완결된다. □

이제 리만 함수정리 II의 논증을 시작하기 전에 주어진 영역 $U \subsetneq \mathbb{C}$가 조건 $\mathfrak{h}_1(U) = 0$를 만족시키면, U와 온함수 동형인 영역도 함수론적으로 단순연결되어 있음을 보일 필요가 있다.

정리 9.4.3 **두 영역 U, V 사이에 온함수 동형 $\varphi\colon V \to U$가 존재한다고 하자. 그러면 조건 $\mathfrak{h}_1(V) = 0$와 조건 $\mathfrak{h}_1(U) = 0$는 논리적으로 동등하다.**

증명. 영역 V의 함수론적 단순연결성 $\mathfrak{h}_1(V) = 0$를 먼저 가정하자. 그리고 온함수 $g\colon U \to \mathbb{C}$를 임의로 택하면, $(g \circ \varphi) \cdot \varphi'$가 영역 V에 정의된 온함수가 된다. 가정 때문에, 이 함수는 온함수 원시함수를 가지게 되는데, 그것을 $F\colon V \to \mathbb{C}$로 두자. 그러면 $(F \circ \varphi^{-1})' = g$가 영역 U 위에서 성립한다. 이것으로 $\mathfrak{h}_1(U) = 0$가 증명되었다. 역증명도 같은 방법으로 얻어지므로, 증명이 모두 완결된다. □

이제 위의 두 정리의 결과로 리만 함수정리 II의 논증을 위해 주어진 영역 U가 함수론적으로 단순연결된 유계(!) 영역이라고 가정하여도 논증의 일반성을 잃지 않음을 알 수 있게 되었다.

9.4.2 리만 함수의 구성

이제 리만 함수를 구성할 수 있게 되었다. 우선 주어진 영역 $U \subsetneq \mathbb{C}$ 가 함수론적 단순연결성 조건 $\mathfrak{h}_1(U) = 0$을 만족하는 유계 영역이라고 가정하여도 논증의 일반성을 잃지 아니한다는 점을 위에서 이미 확인하였다. 이제 점 $p \in U$를 택하고 조건 $F(p) = 0$을 만족하는 온함수 동형 $F\colon U \to D(0,1)$을 구성하려고 한다. 이를 위해 함수 $k(z) = z - p$를 사용하여 U 대신 $k(U)$를 생각하면, 이 새로운 영역은 U와 온함수 동형 관계에 있는 유계영역이며 0 점을 포함한다. 편의상 지금부터는 기호 $D = D(0,1)$를 쓰기로 하자. 그러면 리만 함수정리를 증명하기 위해서 우리는 아래 명제를 증명하면 충분하다. 그것으로 리만 함수정리 I의 증명이 완성되기 때문이다.

> **정리 9.4.4 (리만 함수정리 III)** U**가 함수론적으로 단순연결되어 있고, 원점 0을 포함하는 유계영역이라고 하자. 그러면, 조건** $F(0) = 0$**를 만족하는 온함수 동형** $F\colon U \to D$**가 존재한다.**

이제 함수 F를 구성하려고 한다. 먼저 디리클레 문제

$$\begin{cases} \Delta u(z) = 0 & \forall z \in U \\ u(\zeta) = -\ln|\zeta| & \forall \zeta \in \partial U \end{cases} \tag{9.1}$$

의 풀이가 되는 연속함수 $u\colon U \cup \partial U \to \mathbb{R}$를 페론의 정리를 이용하여 구성하도록 하자.

이를 위한 이론적인 바탕은 정리 8.2.10에 모두 마련되었다. 다만 지금 필요한 것이 있는데, 그것은 영역 U의 경계에 속하는 임의의 점에서 버금조화 봉우리함수를 구성하는 것이다. 그런데 이에 대하여는 1900년에 발표된 윌리엄 오스굿 교수의 논문의

결과가 있으므로[2] 그것을 소개한다.

도움정리 9.4.5 (오스굿) $U \subset \mathbb{C}$ 가 유계 영역이고 함수론적으로 단순연결되어 있다면, 이 영역의 임의의 경계점 q는 조건

(1) $v(z) < 0, \forall z \in U$

(2) $\lim_{U \ni z \to q} v(z) = 0$

를 만족시키는 버금조화함수 $v \colon U \to \mathbb{R}$을 가진다.

증명. 가정에 의해 점 $q \in \partial\Omega$를 임의로 택하여도 복소 로그 $\log(z-p)$ 의 가지함수를 택하여 이 함수가 U 위에 정의된 온함수가 되게 할 수 있다. 이 함수를 $g(z)$라 쓰자. 그러면

$$\lim_{\Omega \ni z \to q} \operatorname{Re} g(z) = -\infty$$

가 성립한다. 한편 U가 유계 영역이므로 적절한 양수 A를 선택하여 $\operatorname{Re} z < A, \forall z \in g(U)$가 성립하게 할 수 있다. 이제 $h(z) := \dfrac{z-A+1}{z-A-1} - 1$라 두면 함수 $w := h \circ g$ 는 U 위에 정의된 온함수이다. 이제, $v = \operatorname{Re} w$로 두면 증명이 끝난다. □

이 도움정리 덕분에 디리클레 문제 (9.1)의 풀이가 정확히 하나 얻어지게 되었다.

이제 계속해서 리만 함수 F를 구성하기로 하자. 방금 얻은 디리클레 문제 (9.1)의 풀이 u는 영역의 닫힘 $\overline{U}$ 위에서 연속이며

---

[2] W. F. Osgood (1900), Transactions of the American Mathematical Society, Vol. 1.

U 위에서 조화함수이다. 함수론적 단순연결성 조건 $\mathfrak{h}_1(U) = 0$ 덕분에 u는 U 위에서 켤레 조화함수를 가진다. 이를 v라 두기로 하자. 그러면

$$F(z) := ze^{u(z)+iv(z)}$$

를 생각하자. 그러면 $|F(z)| = |z|e^{u(z)}$ 이고 따라서 $|F(z)|$는 $\overline{U}$ 전체에서 정의되며 특히 $\zeta \in \partial U$ 에 대해서는

$$|F(\zeta)| = |\zeta|e^{-\ln|\zeta|} = 1$$

가 성립한다. 물론 $F: U \to \mathbb{C}$는 온함수이고, 조건 $F(0) = 0$를 만족시키며, U의 경계에서 절대값이 1인 성질을 가지므로 최대절대값 원리 (정리 4.3.2)에 의해 $F(U) \subset E(0,1)$가 성립한다. 한편 $F(0) = 0$ 이고 경계점에서의 절대값이 1이므로 F는 상수함수가 아닌 온함수여서 $F(U)$는 열린 집합이어야 한다. 따라서 $F(U) \subset D$ 가 성립하게 된다. 따라서 온함수

$$F: U \to D$$

가 구성되었다. 이 함수가 리만이 구성하려던 함수와 같은 함수이므로, 이를 **리만 함수** (The Riemann Map)라고 부르기로 하겠다.

9.4.3 리만 함수의 동형성

이제 리만 함수정리 증명의 마지막 단계에 도달하였다. 지금의 목표는 리만 함수 $F: U \to D$가 전단사 함수임을 보이는 것이다.

리만 함수의 전사성 (Surjectivity)

리만 함수의 구성에 따르면

$$F'(z) = e^{u(z)+v(z)} + z\frac{\partial}{\partial z}e^{u(z)+iv(z)}$$

는 당연히 얻게 되고, 이로부터 $F'(0) \neq 0$를 얻는다. 따라서 온함수 F는 물론 상수함수가 아니고 조건 $F(0) = 0$를 만족시킨다. 그러므로 열린함수정리 (정리 6.4.1)에 의하여 $F(U)$는 단위 원반 영역 D의 열린 부분집합이며 원점을 포함한다.

이제 $w_0 \in D$가 수열 $\{z_j\} \subset U$에 대하여 조건

$$\lim_{j\to\infty} F(z_j) = w_0$$

를 만족시킨다고 가정하자. 그러면 수열 z_j는 영역 U의 경계로부터 적절한 양수 거리 이상 떨어져 있어야 한다. $|F(z)|$가 $\overline{U}$ 위에서 연속함수이고, $|w_0| < 1$와 $|F(\zeta)| = 1, \forall\zeta \in \partial U$가 성립하기 때문이다. 그러므로 수열 $\{z_j\}$ 는 U 안에 있는 어떤 점 (잠정적으로 z_0 라 하자) 으로 수렴하는 부분수열 $\{z_{j_k}\}$을 가져야 한다. 그러면 $F\colon U \to D$의 연속성 때문에

$$F(z_0) = \lim_{k\to\infty} F(z_{j_k}) = w_0$$

를 얻는데, 이는 곧 $F(U)$ 가 D의 닫힌 부분집합이기도 함을 의미한다. D는 연결된 집합인데, 부분집합 $F(U)$가 열린 집합이기도 하고 닫힌 집합이기도 하며, 조건 $0 = F(0) \in F(U)$를 만족시키기 때문에 결국 $F(U) = D$가 성립하여야 한다. 따라서

$F: U \to D$는 전사함수 (surjective map) 이다.

리만 함수의 단사성 (Injectivity)

집합

$$A := \{w \in D : F^{-1}(w)\text{의 원소의 개수가 2 이상}\}$$

를 생각하자. 지금 증명을 구성하는 논리에 적합한 방법으로 근을 셀 때에는, 중근은 중복도를 고려하여 2개 이상으로 세는 것이 합리적이므로 그렇게 하기로 한다. 한편, 어떤 $w \in D$ 를 선택하더라도 $F^{-1}(w)$가 무한집합이 될 수는 없다. 위의 논증에서 보았듯이 $F^{-1}(w)$는 경계 집합 ∂U 에서 일정 거리 이상 떨어져 있어야 하기에 무한히 많은 점을 포함하면 집적점을 U 안에서 가지게 되고 그러면 유일확장성 정리에 의해 F가 상수함수라는 결론에 도달하게 되어 모순이다. 또한, $F^{-1}(w)$ 안에 중복도가 무한대인 점이 있는 경우에는 그 점에서 테일러 전개식이 0이 되는데, 그러면 그 점의 열린 근방에서 함수 F가 0함수가 되고, 그러면 다시 F가 U 위에서 0함수인 상수함수가 되어 역시 모순에 도달한다. 따라서 중복도를 고려하더라도 $F^{-1}(w)$는 유한 중복도를 가지는 유한개의 점으로 구성되어 있어야 한다.

한편 $w \in A$를 택하고 반시계 방향 선적분

$$n_F(w) = \frac{1}{2\pi i}\int_{|\zeta - w| = r} \frac{F'(\zeta)}{F(\zeta) - w}d\zeta$$

가 $F^{-1}(w)$의 원소의 개수 (중복도를 고려하여 세었을 때) 라는 것을 (정리 6.1.1) 기억하자. 이 함수 $n_F(w)$ 는 자연수 값을 가지며 $D(w,r)$ 위에서 연속이므로 상수함수가 되어야 한다. 이로부터 $w \in A$가 주어지면 적절한 양수 r에 대하여 $D(w,r) \subset A$ 라는 결론을 얻게 되고, 따라서 A는 열린 집합이라는 결과를 얻었다.

이번에는 $w_0 \in D$를 생각하고 수열 $\{w_j\} \subset A$가 w_0로 수렴한다고 가정하자. 그러면 조건 $F(z_j) = w_j = F(z'_j)$ 를 모든 j 각각에 대해 만족시키는 수열 $\{z_j\}, \{z'_j\}$ 가 있게 된다. 여전히 앞의 논리를 원용하여 두 수열 모두 U의 경계에서 일정 거리 이상 떨어져 있게 된다. 따라서 두 수열 모두 수렴하는 부분수열을 가진다. 번거로움을 피하기 위해 원래 수열들을 수렴하는 부분수열로 대체하여 각각 z_0, z'_0로 수렴한다고 가정하자. 만약 $z_0 \neq z'_0$가 성립하는 경우라면, $F(z_0) = w_0 = f(z'_0)$ 가 성립하여, $w_0 \in A$ 가 성립하게 된다.

만약 z_j들이 $F(z) = w_j$의 중근으로 이루어진 경우라면 $F'(z_j) = 0$가 모든 j에 대해 성립하고, F'의 연속성 때문에 $F'(z_0) = 0$가 성립해야 '하며, 그러면 $w_0 = F(z_0) \in A$가 성립하게 된다.

마지막 남은 경우, 즉, $z_j \neq z'_j$ 와 $\lim_{j\to\infty} z_j = z_0 = z'_0 = \lim_{j\to\infty} z'_j$ 가 동시에 모두 성립하는 경우를 다루기로 하자. 만약 $n_F(w_0)$ 의 값이 1이면, z_0가 방정식 $F(z) = w_0$의 단순근이 되겠는데, 그러면 $F'(z_0) \neq 0$ 를 얻고, 역함수정리에 의해 적절한 양수 s를 반지름으로 하는 열린 원반 $D(z_0, s)$ 위에서 F가 단사함수가 되어야 한다. 하지만 이 원반 속에 z_j와 z'_j 가 동시에 들어오게 되니 모순에 도달한다. 결론적으로 또 다시

$n_F(w_0) \geq 2$를 얻게 되므로, $w_0 \in A$가 추론된다.

이제까지의 논증을 종합하면 A가 D의 열린 부분집합인 동시에 닫힌 부분집합이기도 하다는 결론을 얻는다. D가 연결된 집합이며 $0 \in D \setminus A$ 가 성립함을 이미 확인한 바 있으므로, 최종적으로 A가 공집합이라는 결론을 얻는다. 따라서 리만 함수 $F: U \to D$가 단사함수임이 증명되었다.

이로써 리만 함수 $F: U \to D$가 온함수 동형임이 증명되었고, 리만 함수정리의 증명이 드디어 완결되었다. □

보충 9.4.1 리만 함수 F 가 온함수 동형임을 증명하는 이 부분의 내용은 그린/김강태의 2017년 논문의 논증보다 크게 개선된 점이 있다. 원래 증명은 영역 U를 그물(net) 모양 부분집합으로 채워가며 편각 원리를 사용하는 것이었는데, 저자들은 얼마 후에, 여기 제시한 논증이 보다 간단하며 다수의 수학자들에게 더 잘 받아들여질 것으로 생각하였다. 이 증명은 같은 저자의 영문 저서의 내용에 들어 있다.[3] 한편 이 논증은 김강태의 인터넷 강연: [https://cassyni.com/s/complex-and-geometric-analysis, (27 July 2022; Springer-Cassyni lecture)] 에서 공식적으로 발표되었다.

---

[3]Robert E. Greene and Kang-Tae Kim, An Introduction to Complex Analysis. Preprint (2022). 이 원고는 2015년 미국 U. C. L. A. 의 Math132 강좌에서, 그리고 2018 년 우리나라 포스텍에서 김강태에 의해 복소함수론 강좌의 교재로 사용되었다. 하지만 이 저서는 이 책이 출간되는 지금까지도 공식적으로 출판되지 않았다.

9.5 리만 함수의 유일성

19세기 후반에서부터 복소함수의 각종 함수정리(mapping theorems) 연구의 황금기가 시작되었다고 해도 과언이 아니겠다. 이 방향 연구의 효시라 할 수 있는 슈바르츠 (H. A. Schwarz)에 의해 1890년 경에 증명된 것으로 알려진 아래 정리를 소개한다. 이 정리가 리만의 원래 함수정리 명제의 마지막 부분을 설명하게 될 것이다.

정리 9.5.1 (슈바르츠 도움정리) $f\colon D(0,1) \to D(0,1)$ **가 조건** $f(0) = 0$**를 만족시키는 온함수이면, 아래 성질들이 모두 성립한다.**

(1) $|f(z)| \le |z|, \forall z \in D = D(0,1)$. **뿐만 아니라,** $|f(z_0)| = |z_0|$**가 조건 0이 아닌** $z_0 \in D$**에 대해 성립하면, 적절한 실수** θ**에 대하여** $f(z) = e^{i\theta}z, \forall z \in D$ **가 성립한다.**

(2) $|f'(0)| \le 1$**가 성립한다. 뿐만 아니라, 등호가 성립하는 경우에는, 적절한 실수** θ**에 대하여** $f(z) = e^{i\theta}z, \forall z \in D$ **가 성립한다.**

증명. $\zeta \in D(0,1)$을 임의로 선택하자. 그러면 조건 $|\zeta| < r < 1$를 만족하는 r 이 존재한다. 이제 닫힌 원반 $E(0,r)$ 위에서

$$g(z) = \begin{cases} \frac{f(z)}{z} & z \neq 0 \\ f'(0) & z = 0 \end{cases}$$

로 두면 $f(0) = 0$라는 가정 때문에, 리만 확장정리가 (정리 5.2.1) 작동하여, g는 닫힌 원반 $E(0,r)$을 포함하는 적절한 영역에서 온함수가 된다. 한편, 임의의 $z \in \partial D(0,r)$ 에 대하여 등식 $|g(z)| = \frac{|f(z)|}{|z|} \leq \frac{1}{r}$가 성립하므로 이로부터 $|f(z)| \leq \frac{1}{r}|z|, \forall z \in D(0,r)$를 얻으며, 특히

$$|f(\zeta)| \leq \frac{1}{r}|\zeta|$$

가 성립한다. 이제 r을 1에 수렴시키면 $|f(\zeta)| \leq |\zeta|$를 얻는다. 또한, $\zeta \in D(0,1)$가 임의로 선택되었으므로 (1) 의 전반부 결론이 따라온다.

물론 $|g(z)| \leq 1, \forall z \in D(0,1)$도 얻어지고, 따라서 (2) 의 전반부 결론인 $|f'(0)| = |g(0)| \leq 1$ 도 얻는다.

이제 $|f(z_0)| = |z_0|$를 만족하는 $z_0 \in D(0,1) \setminus \{0\}$ 가 존재하는 경우를 생각하자. 이 경우에는 $|g(z_0)| = 1$ 이 성립하므로 온함수의 최대절대값 원리에 의해 $g(z) = c$ (상수함수)를 얻는다. 한편 $|c| = |g(z_0)| = 1$ 이 성립해야 하기 때문에 (i) 의 나머지 결론을 얻는다.

$|f'(0)| = 1$인 경우에도, 이 결과가 $|g(0)| = 1$를 의미하므로, 최대절대값 정리에 의해 g가 상수함수가 되며 상수의 절대값은 1이 되어야 한다. 이로써 (ii)의 후반부 결론이 얻어지고, 증명이 완결된다. □

이제 리만 함수의 유일성을 증명할 준비가 끝났다.

정리 9.5.2 (리만 함수의 유일성) 영역 $U \subsetneq \mathbb{C}$ 가 단순연결 영역이고 두 함수 $F, G\colon U \to D$ 가 모두 온함수 동형이라고 하자. 그러면 두 조건 $F(p) = 0 = G(p)$와 $F'(p) = G'(p)$가 성립한다는 것과, 두 함수 F와 G가 일치한다는 것은 논리적으로 동등하다.

증명. 함수 $h := G \circ F^{-1}\colon D \to D$ 를 생각하면 이 함수는 온함수이고

$$h(0) = G \circ F^{-1}(0) = G(p) = 0$$

와

$$h'(0) = G'(F^{-1}(0))(F^{-1})'(0) = G'(p)/F'(p) = 1$$

를 만족한다. 슈바르츠 도움정리에 의해 $h(z) = z, \forall z \in D$를 얻으며 이로부터 $F(\zeta) = G(\zeta), \forall \zeta \in U$를 얻는다. □

이로써 리만이 서술했던 리만 함수정리의 증명이 모두 완성되었다.

9.6 카라테오도리의 증명

리만의 원래 착상과는 거리가 있지만, 리만 함수정리의 정확한 논증의 최초는 온함수의 수렴정리를 이용한 카라테오도리의 증명이다. 대부분의 복소함수론 교과서에 실려 있는 이 증명에 대해 이 책에서 되풀이하지는 않겠지만 전체적인 증명의 스케치를 제공하려 한다.

제1 단계는 단순연결 영역 $U \subsetneq \mathbb{C}$에서 출발한다. 리만 함수정리를 증명하기 위해서는 위상수학적 단순연결성보다는 함수론적 단순연결성을 가정하는 편이 좋다는 것은, 이 책의 9.4.1에서 사용한 논증에서 이미 밝혔으나, 이 내용의 원전은 카라테오도리-쾨베 등의 논증이며, 카라테오도리의 1912년 논문에 있는 것과 같다. 그래서, 리만 함수정리의 증명이 U가 유계 영역이며 함수론적 단순연결성을 가지는 경우만 증명하면 된다는 것이 1 단계의 결론이 되겠다.

제2 단계는 함수족

$$\begin{aligned}&\mathcal{C}(p,U)\\&\quad := \{f\colon U \to D \mid f \text{ 단사 온함수}, f(p) = 0, f'(p) > 0\}\end{aligned}$$

를 사용한다. 단위 원반 D가 유계영역이기 때문에 이 함수족에 속하는 함수열은 반드시 임의의 옹근 부분집합 위에서 고르게 수렴하는 부분 함수열을 가진다는 몽텔(Montel)의 정리가 작동한다. 또한 $f'(p)$ 들의 값이 유계 집합이라는 것도 이로부터

얻어지고 따라서

$$\lim_{n\to\infty} f_n'(p) = \sup_{f\in\mathcal{C}(p,U)} f'(p)$$

를 만족시키는 함수열 $\{f_n\} \subset \mathcal{C}(p,U)$이 존재한다. 여기에서 다시 옹근 집합에서 고르게 수렴하는 부분 함수열을 택한다.

제3 단계는 이 부분함수열의 극한 함수가 ($F\colon U \to D$ 라 하자.) 제2 단계의 끝 부분에서는 $F(U) \subset \overline{D}$를 얻겠지만, $F(p) = 0 \in D$와 $F'(p) > 0$로부터 F는 상수함수가 아닌 것을 알 수 있으므로, 열린함수정리 (정리 6.4.1) 가 작동하여 $F(U) \subset D$를 얻는다. 이제 필요한 것은 리만 함수정리가 원하는 온함수 동형임을 증명하는 것이다. 우선 고르게 수렴한 부분 함수열의 극한이 온함수가 되는 것은 이미 앞에서도 증명한 바 있다. 예를 들어, 코시 적분공식 정리를 사용하면 된다. 단사함수가 되는 것도 온함수의 여러 특성을 이용하여 증명할 수 있다. 하지만 극한으로 얻어지는 이 함수가 전사 (surjective) 함수인 점을 증명하는 것은 조금 난삽하다.

만약 F 가 전사함수가 아니라면, 점 $q \in D \setminus F(U)$가 존재하게 될 것이다. 이제

$$\mu(z) = \frac{z-q}{1-\bar{q}z}$$

를 택하자. 이 함수는 D를 D에 대응시키는, 뫼비우스 변환이라고 부르는 온함수 동형이며 $\mu(q) = 0$와 $\mu(0) = -e^{i\theta}q$ 등을 만족시키는데, 실수 θ의 값은 나중에 선택하도록 할 것이다. 이제 $0 \notin \mu\circ F(U)$가 성립하고 $\mu\circ F(U)$ 는 함수론적으로 단순연결된

영역이다. 여기에 제곱근 함수 v를 적용하고 다시 $\mu(0)$를 0으로 되돌리는 뫼비우스 변환 (ν) 을 적용한다. 그러면 이 과정을 통해 만들어진 함수

$$\tilde{F}(z) = \nu \circ v \circ \mu \circ F$$

는 단사 온함수 $\tilde{F}\colon U \to D$를 정의하고, $\tilde{F}(p) = 0$을 만족하며

$$|\tilde{F}'(p)| > F'(p)$$

를 만족하게 된다. 이제 절대값이 1인 복소수를 하나 곱하여 $\tilde{F}'(p) > 0$ 가 성립하도록 조정하면, $\tilde{F}\colon U \to D$가 단사함수이고 조건 $\tilde{F}(p) = 0, \tilde{F}'(p) > 0$ 뿐만 아니라 부등식

$$\tilde{F}'(p) > F'(p)$$

까지 만족하게 되므로 (이 부등식은 직접 계산에 의해 밝혀진다. 독자를 위한 연습문제로 남겨 둔다!), F의 선택에 모순이 된다. 결론적으로는 F가 전사함수여야 했다는 점이 확인되어 증명이 완결된다. □

참고로, 끝 부분에 등장하는 $F(U) = D$에 대한 멋진 논증은 카라테오도리의 논문이 발표된 후 거의 20년이 지난 시점에 헝가리의 수학자들인 Riesz/Féjér 에 의해 발견되었고,[4] 카라테오도리 교수가 다른 논문에서 이 점을 분명히 인용하였다고 하는데,

[4]세계 각국의 수학자들의 이름을 정확히 발음하는 것은 쉬운 일이 아닌 것 같다. Riesz는 "리이스", Féjér는 "페이예" (ㅍ은 f로 발음) 정도로 읽으면 적절하다고 한다.

그 "다른 논문"을 찾기가 어려운 점은 후대 수학자의 한 사람인 저자로서 아쉬운 느낌을 지울 수 없다. 그래도 이 부분 역사와 스토리에 관해서, 앞에 소개한 Remmert 교수의 저서에서 읽을 수 있다는 점이 다행이라 생각한다.

후기

제1권을 마치고 나니 복소함수론의 기초에 들어가면 좋을 개념과 이론이 많이 남아 있음이 너무나도 명확히 떠오른다. 두서 없이 열거하더라도

- 표준 함수족 (normal families)과 몽텔(Montel)의 정리
- 무한곱과 인수분해 (infinite product, factorization)
- 등각 함수 (conformal mappings) 이론
- 찌그러짐(distortion) 정리
- 리만 제타함수와 소수(prime number) 정리
- 룽에(Runge) 근사정리
- 프라그망-린델뢰프 (Phragmén-Lindelöf) 최대값 정리
- 불변거리계와 기하학적 함수론
- 다중 연결 영역의 분류 이론
- 네반린나 (Nevanlinna) 이론
- 고전적인 리만 곡면 (Riemann surfaces) 이론

등등...

굳이 고차원 복소함수론의 영역을 가지 않더라도 이런 훌륭한 공부 재료가 "널려 있는" 분야가 복소함수론이다. 기왕 쓰기 시작한 김에 힘이 닿는 데까지 써 보고 싶다.

찾아보기 차례

복소함수론 I

초판발행 2024년 1월 15일

지은이 김강태
펴낸이 오판근
펴낸곳 (주) 교우
주　소 서울시 동대문구 약령시로 8 교우빌딩 2층 (주)교우
전　화 02-925-2861 / **팩　스** 070-7966-8610, **편집부** 02-925-2825
홈페이지&북스토어 www.kyowoo.co.kr / **이메일** kyowoo@kyowoo.co.kr

등　록 1994년 3월 24일 제1994-000013호
ISBN 979-11-251-0383-7(93410)

Published by Kyowoo Co., Ltd. Printed in Korea